預約實用知識，延伸出版價值

預約實用知識，延伸出版價值

每個人的商學院

商業進階

4

劉潤 著

最高應用策略，
武裝你的商戰進階之路

UPGRADE

寶鼎

每個人的商學院

總目

5 管理基礎

每個人的商學院❺

- 激勵
- 管理方法
- 管理自己

6 管理進階

每個人的商學院❻

- 知人善任
- 治理

7 個人基礎

每個人的商學院❼

- 態度
- 技能

8 個人進階

每個人的商學院❽

- 知識
- 工具

1 ▶▶ 2 ▶▶ 3 ▶▶ 4

1 商業基礎

每個人的商學院❶

- 商業的起點
- 商業的本質
- 商業的視角

2 商業實戰（上）

每個人的商學院❷

- 行銷
- 通路

3 商業實戰（下）

每個人的商學院❸

- 產品
- 定價

4 商業進階

每個人的商學院❹

- **創新**
- **做大做強**
- **戰略**

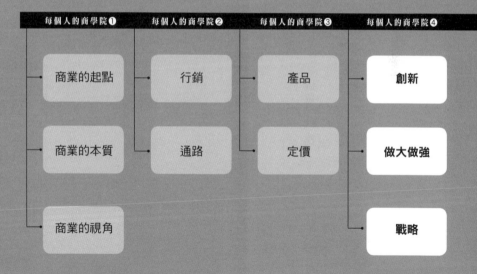

目次
CONTENTS

★

第3章

融資

目次
CONTENTS

PART 2 做大做強

第4章 複製做大

第5章 護城河理論

PART 3 戰略

第6章 戰略用藥指南

目次
CONTENTS

第7章 戰略工具

第8章 切換模式

★第9章

商業禁區

一致好評

羅振宇——羅輯思維、得到App創始人

把經典的商業概念和管理方法，用所有人都聽得懂的語言講出來，每天五分鐘，足不出戶上一所商學院。

雷　軍——小米創始人、董事長兼CEO

性價比超高的商學院，每天五毛錢，就可以學到實用的商學院知識。

吳曉波——著名財經作家、吳曉波頻道創始人

用一盒月餅的錢，把商學院的知識濃縮在每天的服務中提供給你。

全書內文幣別若未特別標注，均為人民幣。

1
PART
創新

第1章

共享經濟

01 **變買為租**－共享經濟為何行得通

02 **劃時多工**－提高資產使用率

03 **超級租售比**－共享充電寶是共享經濟嗎？

04 **閒置使用權**－共享經濟的新機會在哪裡

01

變買為租——共享經濟為何行得通

啟動亮點

變買為租、共享資源，已經是一種社會潮流。

M是做兒童繪本生意的，但是繪本的印刷成本很高，所以售價也很高。而且孩子幾天就能看完一本繪本，家長捨不得頻繁買新繪本，M就賺不到錢。怎麼辦？

這個問題的癥結在於，家長只需要繪本幾天的「使用權」，但卻不得不買下它完整的「所有權」。那怎麼辦？試試「變買為租」。

二〇一六年一月，我在一個TED（technology entertainment design，美國私人非營利機構，以其組織的TED大會著稱）式的演講講壇「造就TALK」上，聽到一個瘋狂的創業想法。一位演講者說：

「一百萬個開車的人中，如果有十萬人騎自行車，交通狀況會更好；如果有五十萬人騎自行車呢？空氣狀況會更好。」這個理想很美好，可怎麼實現？他說：「我要把自行車變買為租。」

如果你買下一輛自行車，擁有了它完整的所有權，但你每天會使用幾次呢？早上騎車到公司，下午再騎回家，一共兩次，加起來可能只用了一個小時。但是，從理論上算，一輛自行車一天至少有十二個小時的使用權。

這位演講者決定用變買為租的方法，釋放自行車被所有權霸占的十一個小時。

三個月後，這位演講者真的「買」下了很多自行車，投放在上海街頭供用戶租用。這些自行車，就是「摩拜單車」；這位演講者，就是摩拜單車的聯合創始人王曉峰。因為優化了傳統自行車的交易結構，摩拜單車用戶數量開始瘋狂增長，一年多以後，「摩拜單車」的估值達到三十億美元。

共享單車的模式新鮮嗎？一點兒都不。為了從上海飛到北京，乘客會買一架波音七四七嗎？大部分人不會「買」飛機的所有權，只會「租」飛機的使用權，租的憑證就是機票。那麼，從家去辦公室，為什麼一定要買自行車呢？

那麼，為什麼以前人們租飛機、租火車，但是不租自行車呢？因為僱人守在自行車旁邊「賣票」的成本比買自行車都貴。但是有了智慧手機、QR Code、定位系統之後，完全可以自助租用自行車，變買為租在效率上成為可能。

回到開篇的案例，M應該怎麼辦？他應該設立「繪本兒童樂園」，用變買為租的邏輯出租兒童繪本。

假設一冊繪本的壽命是三年，大約一千天，但是孩子只需要大約十天的繪本使用時間。那「繪本兒童樂園」就可以買下這冊繪本的所有權，然後把一千天的使用權拆成一百個十天，租給一百位媽媽。如果對十天的使用權收取繪本定價百分之一的費用就能回本，那麼收取繪本定價百分之十的費用，就能賺得盆滿缽滿。

二〇一七年，以共享繪本為基礎，加上各具特色的創業公司，像曲小瓢、飯米粒、租介、領袖小玩家等，如雨後春筍般冒出來，成為資本市場的新寵。

這個變買為租的邏輯，還能用在哪兒呢？

我有一間空房，能不能把所有權切割為若干個使用權，拿來共享呢？共享房間的網站愛彼迎（Airbnb）誕生了。

私家汽車的使用率很低，能不能拿來共享呢？共享汽車的網站Zipcar誕生了。

我的孩子有很多玩具，但孩子喜新厭舊，怎麼辦呢？共享玩具的網站Pley誕生了。

我太太的衣服多如繁星，可都不怎麼穿，怎麼辦呢？共享衣服的網站Rent the Runway就誕生了。

如果有位富豪，他的私人飛機、遊艇嚴重閒置呢？沒問題，共享私人飛機的網站NetJets和共享遊艇的網站PROP誕生了。

所以，一切有閒置使用權的商品，在理論上都有利用變買爲租來優化交易結構的機會。

掌握關鍵

變買為租

簡而言之，就是花錢租用你有需要或者想要的東西，一方面可以節省一筆開支，另一方面也可以避免資源浪費。理論上，有閒置使用權的商品，都有利用「變買為租」來優化交易結構的機會。

延伸思考

職場or生活中，可聯想到的類似例子？

02

劃時多工——提高資產使用率

掌握亮點

讓空間高頻使用的一覽無餘，中頻的唾手可得，低頻的徹底消失。

W覺得房價太高，想用變買為租的邏輯住一輩子酒店，可以嗎？雖然可以，但他得問問丈母娘答不答應。那他只用房間睡八小時的覺，把另外十六小時的使用權租出去，可以嗎？也可以，但他得問問老婆答不答應。那W還能怎麼辦呢？可以試試「劃時多工」。

什麼叫劃時多工？我舉個例子。

Q打算換辦公室，他的公司有十幾位員工，他對新辦公室的要求是：

一、工作區，六十～七十平方公尺，員工辦公用；

二、會議室，二～三間，共二十平方公尺，平常開會用；

三、櫃檯區，十～二十平方公尺，接待訪客用。

工作區、會議室、櫃檯區，加在一起是九十～一百一十平方公尺。按百分之六十五的得房率*計算，辦公室建築面積要達到一百四十～一百七十平方公尺。再按每平方公尺每天五元的租金計算，每月租金要兩萬元以上。房租的壓力不小，怎麼辦？

原萬科集團北京公司董事長毛大慶想，雖然辦公室基本都變買為租了，但公司租下的辦公空間並不是每分鐘都在使用的。能不能把用得不多的地方拿出去共享，輪流使用，進一步提高資產使用率呢？

那我們就要先分析一下，現有辦公空間的使用率如何。

一個典型的辦公室，對空間的使用率是明顯不同的。工作區是高頻場景，每時每刻都在使用；會議室是中頻場景，一天最多用幾次；櫃檯區則是低頻場景。

這就意味著，花在高頻工作區的租金非常值，花在中頻會議室的租金不划算，花在低頻櫃檯區的租金太浪費。

毛大慶想，能不能把五十個創業公司聚在一起，高頻的工作區讓每家公司獨享，中頻的會議室讓多家公司共享，而低頻的櫃檯區讓所有公司分享呢？各家公司分時段複用共享會議室和公共空間，不讓一平方公分的空間閒置，不就能大大提升空間使用率了嗎？創業者不就能用更便宜的租金，租到更好的辦公地點了嗎？

於是，毛大慶決定創立一家公司，實現這個「劃時多工」的共享辦公。二〇一五年，「優客工場」誕生，並很快獲得了真格基金的天使投資。兩年後，優客工場的估值達到九十億元。

到底什麼是劃時多工？如果說變買為租是時間層面上的共享經濟，那麼，劃時多工就是空間層面上的共享經濟。劃時多工的本質，是把可用空間分爲高頻、中頻、低頻的使用場景，然後共享中頻和低頻空間，提高空間使用效率。

*得房率又稱使用率，即住屋的實際使用面積占權狀面積的比例；一般來說，得房率愈高的房屋，使用面積愈大。

房價太高，人們買不起大房子，怎麼辦？可以用劃時多工的邏輯，提升空間使用效率。

北京有家創業公司叫必革家，它把家庭空間也分為高頻（如客廳）、中頻（如書房、廚房）和低頻（如儲藏室）空間，然後，通過劃時多工的邏輯，讓「高頻一覽無餘，中頻唾手可得，低頻徹底消失」。

這是什麼意思？我舉個例子。我在廚房做飯時，就一定不在書房讀書；我在書房讀書時，就一定不在廚房做飯。那麼，能不能把廚房和書房兩個中頻空間劃時多工呢？

必革家設計了一套電動軌道系統，啟動「做飯模式」時，櫥櫃左移，書房的活動空間完全讓給右邊的廚房；做完飯想讀書的話，櫥櫃右移，廚房的活動空間完全讓給左邊的書房。

基於這套劃時多工邏輯，必革家讓一套三十五平方公尺的房子，產生了七十七平方公尺的使用效果，空間複用率提高到原來的二·二倍。優化的空間使用效率，給必革家帶來了眾多地產商的訂單和巨大的媒體關注。

掌握關鍵

劃時多工

這是一種數位或類比的多工技術，其概念可以拿來應用於優化空間的使用率，屬於空間層面的共享經濟模式。劃時多工將空間分為高頻使用、中頻使用和低頻使用，然後共享中頻和低頻空間，以提高空間使用效率。

延伸思考

職場 or 生活中，可聯想到的類似例子？

03

啟動亮點

有一些行業的租售比背後，隱藏著超級利潤。

超級租售比——

共享充電寶是共享經濟嗎？

我有個朋友想進入共享經濟領域創業。可是，做什麼項目呢？共享單車的大局已定，共享辦公的資金量要求太大。他問我：「前段時間，共享充電寶突然紅爆投資圈，後來還出現了共享雨傘、共享馬扎＊。這些也是共享經濟嗎？它們背後有講得通的商業邏輯嗎？」

在回答這個問題前，我想先問一個問題：為什麼售價二萬美元的汽車，租金為四十美元一天；而售價五百美元的晚禮服，租金卻要九十美元一天呢？

這個有趣問題的背後，隱藏著一個深刻的商業邏輯——租售比。

租售比，就是租賃價格與銷售價格比。

比如，一輛汽車的租賃價格是四十美元，銷售價格二萬美元，那它的租售比就是百分之〇・二（40÷20000）。而那件晚禮服的租售比是百分之十八（90÷500）。為什麼汽車租賃行業的租售比，遠遠小於晚禮服租賃行業？

我們需要先瞭解決定行業租售比的因素是什麼。

第一個，擁有成本。

汽車租賃公司大量採購新車，可以拿到很低的折扣。假設是六折，車價就只有一萬二千美元（20000×60%）。

新車的售價雖然是一萬二千美元，但汽車租賃行業只能使用兩年，然後還能以百分之七十五的價格賣到二手市場。所以，租賃公司這兩年的實際擁有成本只有三千美元（12000×25%）。

＊一種摺凳。

而晚禮服呢？小批量購買，沒折扣；穿過就賣不掉，就算能賣掉也很便宜。所以租賃公司的擁有成本還是五百美元。

第二個，使用壽命。

汽車的使用壽命是兩年，而禮服雖然看上去使用壽命更長，可以達到三年或五年，但禮服會愈穿愈舊，而且每次租用都要改、要洗。兩年的改衣費和洗衣費加在一起，說不定可以買件新禮服了。

所以，我們粗略地假定，汽車和禮服的使用壽命一樣長。

第三個，使用頻次。

汽車的使用頻次很高，七天內也許會用四天；而禮服幾乎只有參加活動時才會用得上，七天內可能只用一天。所以，一輛車的使用頻次是禮服的四倍以上。

一輛車的擁有成本是禮服的六倍（3000÷500），考慮到四倍使用頻次的差異，兩者使用成本的差距其實只有一．五倍（6÷4）。

另外，客戶需要十輛車，租賃公司只需要準備二十輛車供客戶挑選；但客戶需要十件禮服的話，因為款式和身材的不同，租賃公司可能需要準備一百件禮服。從庫存效率的角度看，這又是五倍（100÷20）的差異。

所以，如果均攤所有庫存的使用頻次，一輛車的使用成本相當於禮服的〇．三倍（1.5÷5）。

綜合「擁有成本、使用壽命和使用頻次」三個因素後，我們知道，一輛售價二萬美元的汽車的單日使用成本，可能只有一件售價五百美元的晚禮服的百分之三十。所以，它的租金只有晚禮服的百分之四十四，就不足為奇了。

每行每業，因為擁有成本、使用壽命和使用頻次的不同，都有其特定的租售比。汽車租賃業的租售比是百分之〇．二，晚禮服租賃業是百分之十八，但這並不意味著晚禮服租賃就比汽車租賃更賺錢。

那麼，有沒有一些行業的租售比背後，隱藏著超級利潤呢？有。這就是「共享充電寶」。

一個共享充電寶的擁有成本大約是五十元。大批量採購可能還能便宜，比如四十元。使用壽命呢？大約是三年。就算很不愛惜地用，大概也能用一～二年。使用頻次呢？營運得好，一天能用二～三次，最差也有一次。

所以，最理想的情況下，成本為四十元的充電寶可以使用兩年，每天使用三次，每次的使用成本約為〇．〇一元（四〇元÷三年÷三六五天÷三次），也就是一分*。那最差的情況呢？五十元的充電寶可以使用一年，每天用一次，每次的使用成本大概是〇．一四元（五十元÷一年÷三六五天÷一次）。

一個共享充電寶的單次使用成本，大約是在〇．〇一元到〇．一四元之間。那每次使用的租金是多少呢？一元。這種使用成本和使用租金間的巨大落差，叫「超級租售比」。

回到開篇的問題。雖然隨著電池技術的進步，充電寶最終可能被取代。但如果這個取代不會在未來一～二年內發生，那麼，共享充電寶就是一個符合邏輯的商業模式。

*人民幣十分等於一角。

掌握關鍵

超級租售比

各行各業因為「擁有成本」、「使用壽命」和「使用頻次」的不同，而有它特定的租售比；擁有成本＋使用壽命＋使用頻次，決定了利潤的高低。有些行業的租售比背後，隱藏著超級利潤：成本愈低，使用壽命和使用頻次愈高，就會帶來愈高的利潤。

延伸思考

職場 or 生活中，可聯想到的類似例子？

04

啟動亮點

Uber 是共享經濟嗎？

閒置使用權——

共享經濟的新機會在哪裡

瞭解了「變買為租」、「劃時多工」和「超級租售比」這三種共享經濟模式後，我問那位想在共享經濟領域創業的朋友，是否找到了創業的方向。

他覺得這三種模式很好，但都是在做「增量市場」。比如，摩拜單車確實讓騎自行車的人變買為租了，但摩拜公司買了很多自行車，製造了增量。這些增量，不但讓道路更加擁擠，垃圾場廢鐵成堆，更重要的是占用了大量資金。

他問我：「共享經濟必須要占用大量資金，甚至帶來大量資源浪費嗎？我能不能不用增量而用存量資源，比如閒置自行車，來做共享經濟呢？」

他的想法，就是「原教旨主義」共享經濟。什麼叫原教旨主義共享經濟？

最開始的共享經濟，是從美國的兩家公司優步（Uber）和 Airbnb 開始的。早期 Uber 的運營模式，是公司員工下班時打開手機，看看能不能捎個順路的人，反正車上有閒置的座位。早期 Airbnb 的運營模式，是看看能不能正好碰到個願意來住的遠方客人，反正家裡有閒置的房間。早期的共享經濟，非常強調使用閒置資源。**這種使用閒置資源而不是增量資源的共享經濟，就叫原教旨主義共享經濟。**

Uber 和 Airbnb 受到追捧的很大一部分原因是，它們充分利用了散落在世界各地的、被浪費了的閒置資源。

但後來，愈來愈多在上下班路上順便帶人的 Uber 司機，並沒有獲得巨大收益，還覺得挺麻煩的。站在叫車人的角度看，這些業餘司機的服務也不夠專業。所以，Uber 平臺上慢慢出現分化，利用閒置資源的兼職司機愈來愈少，專門買車、用增量資源來做 Uber 專職司機的人愈來愈多。現在 Uber 或滴滴出行上，幾乎都是職業司機。

Airbnb 也遇到一樣的情況，平臺上專門購置的、只用於出租的房子愈來愈多，房子成為增量資源，而不是閒置資源。

所以，Uber 和 Airbnb 這兩個原教旨主義共享經濟的開創者，也從閒置資源模式走向了增量資源模式。

但是，依然有很多使用閒置資源的共享經濟的模式。如果你打算創業，可以深入研究這幾個領域。

第一個，共享停車位。

汽車愈來愈多，停車位變得愈來愈緊張。但是，你開車去上班時，家裡的停車位就閒置了；同時，別人開車到你家附近上班，卻怎麼都找不到停車位。所以，一邊是閒置，一邊是稀缺，為什麼不能共享？

而且，停車位很難用增量資源解決，因為物理空間是有限的。在密密麻麻的社區、辦公大樓裡新造大量停車位很不容易。所以，共享停車位是更適合原教旨主義的共享經濟，能充分利用閒置資源。

第二個，共享 Wi-Fi。

想讓全上海市的人都能上網，怎麼辦？在全上海布滿 Wi-Fi 嗎？這些增量資源耗費巨大，還要維護。

其實，幾乎所有咖啡館、服裝店、商場、遊樂場等商業設施裡都有 Wi-Fi。這些 Wi-Fi 並沒有被充分利用，屬於「閒置資源」。把這些 Wi-Fi 拿來共享，就可以充分利用社會資源，還能幫助這些商業機構獲得關注。

第三個，共享經驗。

我特別想瞭解大公司是怎麼做品牌管理的，而寶僑公司的品牌經理有豐富的管理經驗，這個經驗為什麼不能共享？

而且，經驗很難通過增量資源解決，再培養三千個品牌專家都無法覆蓋需求。所以，一些共享經驗的網站，比如「在行」*，利用「閒置」在別人腦海中的經驗幫助需要的人，也許是更有效的方式。

*付費制的知識技能分享平臺。

掌握關鍵

閒置使用權

早期的共享經濟非常強調使用閒置資源，然而目前市面上的共享經濟多半是租賃經濟，使用的是增量資源。想投入共享經濟，但不想占用大筆資金又造成資源的浪費，可以考慮這幾個領域：一、共享停車位；二、共享 Wi-Fi；三、共享經驗。

延伸思考

職場 or 生活中，可聯想到的類似例子？

第2章

新零售

01 **新零售**－零售真有新舊之分嗎？

02 **數據賦能**－夫妻店能挑戰7-11嗎？

03 **坪效革命**－小米怎麼做到線上線下價格一樣

04 **短路經濟**－讓售價比對手的出廠價還低

05 **無人商業**－信任成本如何控制

06 **品牌體驗店**－「只試不買」的線下零售店

07 **通路服務化**－資訊不對稱的生意將被抹平

08 **用戶代言人**－淘寶成功的原因是支付寶

01

新零售——零售真有新舊之分嗎？

啟動亮點

其實零售的本質從來都沒變過，就是以用戶為中心做好產品。

我參加過一個「新零售」的主題論壇，有位開百貨商場的企業家問：「經過幾年電商的喧囂後，市場終於回歸線下、回歸本質了，百貨商場的春天是不是回來了？」

我說：「新零售確實正在回到線下，但一定不是原路返回。」要想理解什麼是「新零售」，我們首先要理解什麼是「零售」。

從交易結構的角度看，零售就是「資訊流、資金流、物流」的萬千組合。

我去百貨商場買襯衫，摸摸質料，看看價格，試試合不合身——通過這些行為，我獲得了「資訊流」。然後我決定買下來，拿著服務人員開的單子去交錢——這是「資金流」。交完錢，我把服務人員打包好的襯衫拎回家——這是「物流」。

可是，我獲得這件襯衫的「資訊流」時，給商場付錢了嗎？沒有。那商場有沒有為提供資訊流付出成本呢？當然有。那麼大的店鋪面積，有租金成本；商場準備了充足的現貨讓我挑，有庫存成本；水電、消防、工資、損耗、失竊等，也都是成本。那麼，商場用非常高的成本提供資訊流服務卻不收費，這是為什麼呢？

因為商場的交易結構是用商品差價補貼資訊流成本，雖然它不對資訊流收費，但可以把成本藏在商品差價裡。

這個交易結構運行了很多年，一直非常有效，直到網路出現。消費者摸摸質料，看看價格，試試合不合身，剛要買，心想：網上會不會更便宜呢？

結果網上真的更便宜，為什麼？因為商場替電商付出了資訊流成本，而電商直接收割差價，當然便宜。這就導致「線下試，線上買」的交易結構誕生，資訊流、資金流、物流被重新組合，商場面臨危機。

新技術帶來的趨勢無法逆轉，線下商場唯有優化甚至重構交易結構，才能獲得新生。怎麼做？未來的商場裡，應該多開「品牌體驗店」，用戶在品牌體驗店裡還是摸摸質料，看看價格，試試合不合身，然後上網一搜，發現網上更便宜。服務人員對用戶說：「那您在網上買吧。」因為線下就是品牌的體驗店，線下的是品牌商的，線上的還是品牌商的。在線下開體驗店就是讓用戶通過摸摸質料，看看價格，試試合不合身，喜歡上產品。至於在哪兒買，請隨便。於是，商場的交易結構，就從「分享代理商商品差價」變為「賺取體驗店店鋪租金」。

很多人說，這個世界上根本就沒有什麼新零售。其實，零售的本質從來都沒變過，就是以用戶為中心做好產品。

張瀟雨老師在他的「得到」課程《商業經典案例課》中介紹過美國零售業的簡史：一八八四年之前，美國的零售業是一手交錢一手交貨的布店、雜貨店，效率很低。但因為鐵路的出現，遠程購物變為可能，於是理查德·西爾斯（Richard Sears）發明了「郵購」這種交易結構，並提供了自由退貨和貨到付款制度，西爾斯公司很快成為美國零售業的第一名。郵購模式就是十九世紀的新零售。

然後，因為汽車的出現，在租金便宜的郊區，用大型賣場收集大量需求變為可能。於是，山姆·沃爾頓（Sam Walton）發明了「大型超市」這種交易結構，創建了沃爾瑪（Walmart），並承諾天天低價，很快成為美國零售業的第一名。大型超市就是二十世紀的新零售。

現在，比鐵路、公路連接效率更高的網路出現了，誰會是被這波新技術驅動的二十一世紀的新零售呢？

掌握關鍵

新零售

傳統商場面臨危機，是因為從前的交易結構是用商品差價補貼資訊流成本，可以把成本藏在商品差價裡。後來出現了網路這項新技術，電商直接收割了差價，導致「線下試，線上買」的交易結構誕生，資訊流、資金流、物流連帶重新組合。要知道，新技術帶來的趨勢無法逆轉，線下商場唯有優化甚至重構交易結構，才能夠獲得新生。

延伸思考

職場or生活中，可聯想到的類似例子？

啟動亮點

將資訊流、現金流與物流組合成萬千變化，比較線上與線下的優劣，藉此提升零售效率。

數據賦能——

夫妻店*能挑戰7－11嗎？

我家社區門口有個賣日用百貨的夫妻店，夫妻倆很勤勞，男的進貨，女的顧店，日出而作，日落而息。但是，他們的生意顯然沒有旁邊的7－11便利商店好，為什麼？因為夫妻店的交易結構不如7－11。

第一，7－11直接從源頭品牌商處進貨，而夫妻店是到二級、三級批發市場進貨，所以價格比7－11高。

＊mom and pop shop，指夫妻或同一家人共同經營的小本生意，例如家庭式雜貨店、家庭式餐館等。

第二，7－11選品上架時，可以根據全國門市數據、單店歷史數據來優化，而夫妻店全憑主觀決策，所以庫存週期比7－11長。

在7－11、全家這些便利商店的夾擊下，夫妻店之所以還能生存，全憑極低的營運成本。那麼，他們夫妻倆必須一輩子依靠省吃儉用的「優勢」繼續下去嗎？

當然不。他們可以借助新零售的第一大核心邏輯——數據賦能，來優化交易結構。

在杭州，一家開了八年的叫「維軍」的社區小店，被阿里巴巴改造成了「天貓小店」。什麼是「天貓小店」？

夫妻店雖然有不少劣勢，但它的物理位置極佳，就在用戶家門口，這是用錢都買不來的資源。如果能利用阿里巴巴的優勢，優化夫妻店的交易結構，是不是有可能比7－11更成功呢？於是，「天貓小店」針對夫妻店，推出了兩項優化措施。

第一項，推出一站式進貨平臺「零售通」。

夫妻店可以在阿里巴巴的「零售通」網站上訂貨，由天貓統一配送。天貓用自己的信用和議價能力武裝了這些小店，解決它們的進貨價格和品質問題，優化了交易結構。

第二項，用「大數據」幫助小店選品上架。

我舉個例子。一個社區裡有很多居民養狗，7－11因為沒賣過狗糧所以從來不知道這件事。但是，天貓是最大的電商平臺，附近居民在天貓上買過狗糧的事情它是知道的。這樣一來，天貓就可以讓這個社區裡的天貓小店多進點兒狗糧，甚至能具體到附近居民喜歡的品牌、規格等。狗糧好賣，庫存週期就會縮短，資金效率就會提高，甚至比7－11更高，這家夫妻店的交易結構就被優化了。

為什麼阿里巴巴能做到這一點？因為它掌握了數據，比如交易數據、信用數據、行為數據等。**用這些數據做出更有效的決策，幫助傳統零售提高效率，這就是數據賦能。**

那麼，數據除了可以賦能資訊流，幫助商家精確瞭解用戶的需求，還能賦能資金流和物流嗎？當然可以。

蘇寧*和南京銀行合作，推出了一個叫作「任性付」的計畫。該計畫根據蘇寧多年的銷售數據，分析消費者的信用水準，然後給出不同的資金流方案。某人信用好，在蘇寧買冰箱時可以不用付錢，先拿回去用，三十天以後再付。如果三十天以後還不想付錢的話，可以每天支付利息。

根據數據賦能傳統零售業的資金流，蘇寧「任性付」的本質就是信用卡。蘇寧可以根據更準確的消費數據，給更有信用的用戶更低的利率，搶奪銀行的客戶。

每年「雙十一」，阿里巴巴會建議用戶把要買的東西提前放到購物車裡。為什麼？為了讓用戶搶購時下手更快嗎？有這方面的原因。但更重要的是，根據購物車裡的商品數據，阿里巴巴可以提前知道雙十一那天用戶會買什麼東西，需要送到哪裡去。雖然不會百分百準確，但是八九不離十。因此，物流就被數據賦能了。在雙十一之前的兩個星期，整個中國的物流系統就已經開始動起來了，貨物被部署到離用戶最近的倉庫裡，等著用戶下單。

網路開始帶來了連接，最後沉澱了數據。用數據賦能資訊流、資金流和物流，是新零售的第一大核心邏輯。

*蘇寧易購是連鎖型零售和地產開發商。

掌握關鍵

數據賦能

利用交易數據、信用數據、行為數據等數據資料，做出更有效的決策，優化交易結構，幫助傳統零售提高效率，就是數據賦能。收集數據、洞察數據、應用數據，才是企業增值的關鍵！

延伸思考

職場 or 生活中，可聯想到的類似例子？

03

啟動亮點

用網路的效率突破坪效極限，把低頻變高頻。

坪效革命——
小米怎麼做到線上線下價格一樣

我有個朋友經營手機連鎖專賣店，他一直夢想像蘋果公司一樣，把專賣店開到黃金地段的商業中心。後來，由於機緣巧合，他拿下了一個核心地段的店鋪，並按蘋果門市的風格裝修，可是虧得很厲害，為什麼？造成虧損的原因在於，手機專賣店的「坪效極限」搆不上核心地段的「租金底線」。

網路公司的成本結構和員工人數基本呈正相關，所以網路公司非常重視「人效」，就是每個員工能創造的年收入；而線下零售的成本結構和店鋪面積基本正相關，所以線下店鋪非常重視「坪效」，就是每平方公尺面積能創造的年收入。

如果無論怎麼努力，每平方公尺面積的年收入都抵不上它的租金呢？這就是坪效極限搆不上租金底線，這說明某種業態不該出現在某個地點。在線下，不同的地段養不同的業態，層次分明。

比如，把社區門口的菜市場開到恒隆廣場會怎麼樣？必死無疑。那把恒隆廣場的蒂芙尼（Tiffany）專賣店開到社區門口呢？也必死無疑。

但是，如果必須把菜市場或者手機專賣店開到恒隆廣場，怎麼辦呢？那就得打破原有業態的交易結構，突破坪效極限，超越租金底線。

二〇一七年，一直在網路上賣手機的小米公司，突然在線下核心城市的核心地段瘋狂開店，二十個月開了二百四十家店，而且線上線下同價，盈利狀況還很好。

小米公司之所以能在過去用不可思議的低價，提供高顏值、高品質的商品，不就是因為只在網路上直銷，所以成本比線下低得多嗎？轉身做線下，還和線上同價，行得通嗎？雷軍認為當然可能，只要用網路的工具和方法提升傳統零售的效率，做到極致的坪效就行。比如，把低頻變成高頻。

手機是低頻消費品，一般人平均一～二年換一支手機。就算門市裝修得再像蘋果門市，如果只賣手機，大部分人只會看看就走。但小米公司投資了不少生態鏈企業，有做充電寶的、做手環的、做耳機的、做平衡車的、做電鍋的……消費者這次買了手機，過段時間買個手環，下次再換個藍牙音箱，就把一年來一次的低頻，變成了半個月來一次的高頻。

這就是「低頻變高頻」，用網路的效率突破坪效極限。

還有什麼辦法能突破坪效極限呢？大數據。比如，小米公司通過大數據發現，河南有很多用戶買電鍋，那麼河南線下的小米之家在鋪貨時，一定會上架電鍋。這樣，河南小米之家的坪效就可以進一步提高。

最終，小米公司做到了每年每平方公尺二十七萬元的坪效，僅次於蘋果公司門市的四十萬元，是其他手機店的很多倍。

那麼，除了小米公司，我們還可以學習哪些公司突破坪效極限的做法呢？

還可以學習盒馬鮮生，它對交易結構優化的本質也是突破坪效極限。而它的打法是給傳統的交易結構增加一整塊更大的線上收入，達到雙倍於傳統生鮮超市的坪效。

還可以學習好市多（Costco），它販售用大米袋包裝的薯片、用水桶裝的冰淇淋和整支豬腿。通過少品種、大包裝，好市多增加了對每個品類的議價能力，並給用戶巨大的價格優惠，增加了客單價，從而突破了傳統超市的坪效極限。

新零售就是更高效率的零售，其核心是通過線上線下的一切方法，優化交易結構，提高效率，突破坪效極限。

掌握關鍵

坪效革命

線下的店鋪非常重視「坪效」，就是每平方公尺面積能創造的年收入。如果將消費行為看作一個漏斗，人（消費者）從貨場進入，購買商品再回頭，從流量、轉換率、客單價到回購率，即為銷售漏斗的模式。坪效革命，就是提高漏斗內各層的數值。

延伸思考

職場 or 生活中，可聯想到的類似例子？

啟動亮點

電商用短路經濟挑戰傳統雜貨店，傳統雜貨店也可以用短路經濟來回敬它。

04 短路經濟——讓售價比對手的出廠價還低

R經營一家日用雜貨店，每週從批發市場進貨。生意本來還可以，但自從有了淘寶，街坊鄰居就基本不來買東西了。R打開淘寶一看，淘寶上的零售價比自己的進貨價還便宜，這可怎麼辦？

既然淘寶用「短路經濟」挑戰R的雜貨店，那R就可以用「短路經濟」來回敬它。

什麼叫短路經濟？

上海和寧波都靠海，但正好被大海隔斷，我如果想從上海去寧波，怎麼去？在過去，我要先由東向西，從上海開車到杭州；然後再由西向東，從杭州開車到寧波。

從地圖上看，上海、杭州、寧波幾乎是呈等邊三角形分布的。從上海到寧波的直線距離真的不遠，但被大海隔斷；而從上海開車到杭州、再到寧波，距離卻遠了整整一倍。於是，這一路的高速公路收費站，因為大海賺了不少「繞路費」。

有沒有辦法「短路」掉杭州呢？這時，航空公司站出來了：那就從上海直線飛到寧波吧，在空中建立連接，把杭州「短路」了。航班開通後，從上海到寧波的時間大大縮短，我再也沒開車去過寧波。

二〇〇八年，杭州灣跨海大橋正式開通，從上海到寧波可以直接跨海而過，比坐飛機還快。於是，我就再也沒有坐飛機去過寧波。

航班「短路」了高速，大橋又「短路」了航班。商業進步，就是要不斷「短路」曾經看來很必須、但今天看來很低效的環節，優化交易結構，而不是抱怨時代進步太快。

回到R的案例，面對淘寶這個強敵，他應該怎麼辦？短路經濟。過去，產品到達消費者手上，要經過總代理、省級代理、市級代理、批發市場、日用雜貨店等好多環節。R可以研究把總代理、省級代理、市級代理、批發市場全部短路的方法。如果能做到，雜貨店價格怎麼可能不比淘寶低？

有一個叫葉國富的人決定試試這個路子。二〇一三年，他創立了一家經營日用雜貨的公司，叫名創優品，並很快開了一千一百家門市。

過去，日用雜貨行業，一元出廠的商品，賣給消費者要三元。葉國富找到廠商，問：「我有一千一百家門市找你進貨，你能不能在保證品質的同時，把出廠價從一元壓到〇．五元？」這麼大的量，廠商想了想，覺得可以接受。

然後，葉國富直接在中國建了七個大倉庫，「短路」掉各級代理和批發市場，只加價百分之八～百分之十，作為品牌營運費直接給門市供貨；然後，每家門市再加上百分之三十二～百分之三十八的毛利率，賣給消費者。

現在，名創優品的商品，出廠價〇．五元，最後零售價連一元都不到。通過短路經濟，名創優品銷售的同品質的商品，價格連別人的三分之一都不到。二〇一七年，成立僅四年的名創優品，年銷售額達到了一百億元。

到底什麼是短路經濟？過去，產品到達消費者手上，要經過一個漫長的過程：Design（設計）—Manufacture（製造）—Supply Chain（供應鏈）—Business（如大賣場、超市、連鎖店）—business（如夫妻店、地攤、個人銷售者）—Consumer（消費者）。這個過程叫作D-M-S-B-b-C，其中每個環節都要加價。**短路經濟就是建立跨節點的直連，優化交易結構，提升商業效率。**

名創優品從製造商「M」直連到連鎖門市「B」，從而短路掉了供應鏈「S」，其中包括各級代理和批發市場。所以，我們可以稱這種短路經濟為M2B。

短路經濟還能優化哪些交易結構呢？

天貓小店就是用「零售通」這種高效的供應鏈系統「S」，直接給夫妻店「b」供貨，短路掉了中間的批發商「B」。這種短路經濟，就是S2b。

掌握關鍵

短路經濟

商品供應鏈為D（設計）－M（製造）－S（供應）－B（大貨場）－b（小商家）－c（顧客）；供應鏈的環節愈短，效率愈高，甚至反向連結。最終人與貨不必在商場相見。

延伸思考

職場or生活中，可聯想到的類似例子？

啟動亮點

無人商店明明是更高效的商業模式，為什麼推廣起來愈來愈困難？

05

無人商業——信任成本如何控制

Q是做辦公室無人零售貨架的，他給一些公司設立開放的貨架，擺上零食、飲料，貼上收款 QR Code，員工可以自助拿走零食，掃碼付錢。一開始，Q通過掃樓地推*的方式，在北上廣深*投放了幾千個貨架。可一段時間後，客單價開始降低，推廣也愈來愈困難，甚至一些做無人貨架的同行都倒閉了。他既著急又疑惑：無人零售貨架和傳統便利商店

*掃樓，指整棟樓挨家挨戶地拜訪。地推，地面推廣之意，例如做市調、活動宣傳、發產品試用包等線下推廣活動。
*即所謂的一線城市：北京、上海、廣州、深圳。

相比，離用戶更近，而且節省了租金和設備成本，售價更便宜，明明是更高效的商業模式，為什麼舉步維艱？

一切新的商業模式，其本質都是對交易結構的優化。優化交易結構可以節省不少成本，但是，優化交易結構本身也是有成本的。

相對於樓下便利商店，放在辦公室的無人貨架節省了不菲的店鋪租金。相對於自動販賣機，無人貨架沒有防盜玻璃、軌道系統、攝影鏡頭等，節省了不少設備成本。但它在節省這些成本的同時，也不得不新增一些成本，比如信任成本。

什麼是信任成本？

我舉個例子。在沒有支付寶的時代，網上購物的買家和賣家彼此是不信任的。先付錢後發貨的話，如果買家付錢了，賣家不發貨怎麼辦？先發貨後付錢的話，如果賣家發貨了，買家不付錢怎麼辦？「我相信你」需要承擔很大的風險，這就是信任成本。因為信任成本太高，電商發展緩慢。

後來支付寶出現了。既然買賣雙方互不信任，那買家就先把錢交給支付寶。支付寶通知賣家錢收到了，但先不給賣家錢，賣家要把貨發給買家；買家收貨後點確認，支付寶才把錢打給賣家，這樣就解決了信任問題。所以支付寶本質上是通過降低信任成本優化了交易結構，讓電商獲得了極大的發展。

回到無人貨架的案例，為什麼無人貨架增加了信任成本呢？

Q擺一個開放的貨架在某公司，萬一員工拿走零食後不付錢怎麼辦？就算員工不會故意不付錢，可是萬一某人掃碼時網路不好，付款不成功，他想等一會兒再來付款，但後來卻忘了，怎麼辦？

所以，無人貨架能不能收到貨款這件事，極大地依賴於用戶可不可靠。用戶愈不可靠，它的信任成本就愈高。這個信任成本，具體體現為更多的商品損耗。

無人貨架節省了大量租金和設備成本，看上去更先進，但是新增的信任成本，即商品的損耗也是巨大的。用一個公式表達就是：

新增成本 < 節省成本 ≥ 更高效的商業模式

那Q應該怎麼辦呢？他需要想辦法降低新增的信任成本，讓它小於節省下來的租金和設備成本。他可以有選擇地把無人貨架投放在信用高的人群中。

舉個例子。中國的外賣送餐員騎的大多是電動車，但車的電瓶特別容易被偷走，怎麼辦？有家外賣公司是這麼做的：當外賣員到達一個社區時，公司系統會根據歷史數據給他發送一條消息，告訴他這個社區的安全狀況。如果安全狀況不好，外賣員就把電瓶拎上樓，防止被偷。這樣就降低了信任成本，外賣員的送餐效率就達到了一種最佳的平衡。

無人貨架也是同樣的道理，Q可以根據歷史數據或人群的信用數據，將貨架有選擇地投放在信用高的人群中，通過不斷優化數據來降低信任成本。

那麼，無人貨架到底是不是一個更高效的商業模式？目前來看，無人貨架可能是一個邏輯成立但數據也許不成立的商業模式。它最終能否成功，需要「跑」一段時間。在這段時間裡，如果能夠找到有效控制信任成本的方法，讓「新增成本小於節省成本」，無人貨架這個商業模式才能真正行得通。

「無人商業」是一個非常熱鬧的新零售形態。那麼，無人商業到底有沒有未來呢？這要看新增成本和節省成本的比較。只有新增成本小於節省成本，這個商業模式才更高效。

掌握關鍵

無人商業

和傳統的便利商店相比，無人貨架離用戶更近，而且節省了租金和設備成本，產品的售價還更便宜。然而，無人貨架多了「信任成本」；商家能不能收到貨款，相當依賴於用戶可不可靠。用戶愈不可靠，它的信任成本（商品的損耗）就愈高。

延伸思考

職場 or 生活中，可聯想到的類似例子？

06

品牌體驗店——

「只試不買」的線下零售店

啟動亮點

顧客在線下店試穿，獲得了資訊流，但顧客卻可以在網上完成資金流和物流。

T在商場賣鞋子。一位顧客試穿後打算購買，他對T說：「這鞋子你賣一千二百元，可網上只賣七百元，你能不能也賣我七百元？」

T說：「這款鞋子進價六百元，我賣一千二百元，商場要扣掉百分之三十。所以，一千二百元扣掉百分之三十，我還能剩八百四十元，勉強賺二百四十元。賣七百元的話，我只能拿到四百九十元，連進價都賺不回啊！」

顧客不信T的話，理直氣壯地離開，在網上買了那雙鞋。

這樣的顧客愈來愈多，T很痛苦，怎麼辦？

T的問題的本質是，線上和線下的交易結構不同。顧客在線下店試穿，獲得了資訊流，但顧客卻可以在網上完成資金流和物流。

那怎麼辦呢？T可以考慮轉型，從「零售代理商」變為「品牌體驗店」。把交易結構，從「分享代理商商品差價」變為「賺取體驗店服務佣金」。

什麼叫品牌體驗店？簡單來說，就是只讓顧客試穿，但不需要顧客購買，只試不買。那店鋪怎麼賺錢呢？賺品牌商的錢。

二〇一六年，荷蘭內衣品牌Lincherie在阿姆斯特丹開了家只試不買的實體店。因為在網上買內衣很難確定大小，所以試穿是非常必要的資訊流。但在線下開店，又會有龐大的庫存成本和經銷商差價。

Lincherie在這個只試不買的品牌體驗店中，安裝了高科技的鏡子。顧客只要在試衣間對著鏡子照一照，就能知道自己內衣的尺碼，獲得資訊流；然後在電子設備上下單，支付資金流；商品會在四十八小時內送上門，完成物流。

二〇一七年十月，美國高級百貨公司諾德斯特龍（Nordstrom）在洛杉磯也開了家只試不買的實體店。這個店面積大概三百平方公尺，但只陳列少量貨品供銷售。顧客在店裡可以設計個人造型、修改服裝尺寸；在網上購買後，到店裡提貨、退貨。也就是說，這家店主要提供資訊流和部分物流，顧客在網上完成資金流和主幹物流。

如果顧客都只試不買，線下的租金、水電、消防、工資，這些成本誰來承擔呢？品牌商。因為此時門市的價值已經不是商品銷售，而是品牌宣傳。原來的零售代理商可以轉型，通過幫助品牌商營運品牌體驗店，賺取服務佣金。

真的有品牌商需要這樣的服務嗎？有。

耐吉公司在二〇一七年十月正式宣布，要把全球三萬家零售合作商縮減到四十家。而這四十個夥伴，必須「有能力在自己的商場中為耐吉建立店中店，也就是特殊的獨立空間，並配置由耐吉特別訓練過的店員」。然後，耐吉的官網和App將成為主要銷售管道，實體店只負責提供更好的體驗。

隨著新零售變革的深入，愈來愈多的品牌將實現線上線下一體化的轉型，把線下變為只試不買的品牌體驗店，在線上完成銷售，並通過發達的物流體系完成送貨。同時，零售代理商也將逐漸轉型為體驗店服務商，對零售代理商來說，這是一個重大機遇。

掌握關鍵

品牌體驗店

新零售革命使愈來愈多的品牌陸續實現線上線下一體化的轉型，把線下變為只試不買的品牌體驗店，在線上完成銷售，並透過四通八達的物流體系完成送貨。與此同時，零售代理商也逐漸改為體驗店服務商，這對零售代理商而言是一個轉型契機。

延伸思考

職場or生活中，可聯想到的類似例子？

啟動亮點

去中介化的「中介」，指的是基於資訊不對稱的通路商，俗稱「拼縫者」。

07

通路服務化——資訊不對稱的生意將被抹平

L開了家房屋仲介，聽說新零售要「短路」掉中間環節，憂心忡忡；看到網上「去中介化」（disintermediation）的網路公司來勢洶洶，非常焦慮。他問我：「房屋仲介是不是要被網路公司完全替代了？如果是的話，我該怎麼辦？」

當我們說「去中介化」時，這個「中介」指的到底是誰？它指的是基於資訊不對稱的通路商，俗稱「拼縫者」*。

十幾年前，我通過培訓機構邀請一位老師來微軟講課。培訓結束後，我掏出名片和老師交換時，培訓機構趕緊遞了一張給我。這張名片上印著老師的名字，但電話和郵箱卻是這家培訓機構的。我立刻明白，它不希望我和這位老師有直接聯繫。這家培訓公司就是拼縫者，靠我不認識這位老師的資訊不對稱的情形掙錢。到了網路時代，靠資訊不對稱掙錢的培訓仲介就活得非常艱難了。

再比如，你的朋友A知道你認識B，就請你介紹，看看三個人能否一起合作。結果A和B很投契，一起做了不少事情，卻沒有帶上你。你非常惱火，認為他們沒義氣。但是，你在他們的合作中就充當了拼縫者，除了撮合倆人之外沒有其他價值。如果你希望自己參與到合作中，一定要有「拼縫」之外的其他價值，而不僅僅是「我正好認識你們倆」。

回到L的問題上，房屋仲介是不是基於資訊不對稱的拼縫者呢？

買過或租過房子的人都知道，房屋仲介在上下家正式簽合約前，是

＊拼縫，指第三方利用資訊不對等，透過產品溢價來獲取收益的商業行為。拼縫者就是手裡沒有實貨卻買空賣空的中間商。

不會讓他們見面的。因為擔心他們一見面，就會跳過仲介直接簽約。從這個角度來說，房屋仲介確實是基於資訊不對稱的通路商，是拼縫者。

但是，網路盛行了那麼多年，線下的房屋仲介不但沒死掉，反而成長出一些巨頭，這又是為什麼呢？這是因為房屋仲介後來認識到，「上下家見面」其實並不是自己的核心價值。

那他們的核心價值是什麼？買房子的人並不知道如何挑選房子、規避風險、簽訂合約，萬一賣家拿了訂金後失聯了怎麼辦？賣房子的人不知道自己的房子值多少錢，買家付了訂金後，銀行貸款辦不下來怎麼辦？所以，就算上下家見面，他們多半還是不敢隨便交易。

這時，房屋仲介真正的價值就浮現出來了，那就是提供「可信賴的交易服務」。今天的房屋仲介並不是基於資訊不對稱的通路商，而是基於獨特價值的服務商，它不會輕易地被「短路」。

那麼，那些曾經的拼縫者應該怎麼辦呢？他們可以選擇一條轉型路徑，就是「通路服務化」：不再靠資訊不對稱賺錢，而是靠有價值的獨特服務賺錢。

如果你開汽車修理店，你可以把店開在社區附近，由途虎養車網來配送輪胎和配件，然後你負責維修。這時，你賺取的就不是愈來愈難賺到的配件差價，而是服務費。

如果你是服裝鞋帽代理商，你可以和耐吉或其他品牌體驗店合作，不再賺取銷售差價，而是為品牌商提供營運體驗，賺取服務費。

通路服務化，是零售業從傳遞價值轉型爲創造價值的重要趨勢。

掌握關鍵

通路服務化

以前由於資訊的不對稱，掮客（中間人）很容易插手媒介買賣雙方的交易，從中賺取佣金。到了網路時代，依賴資訊不對稱賺錢的人就很難做了。怎麼辦？找到自己的真正價值，提供「可信賴的交易服務」，從基於資訊不對稱的通路商，轉型為基於獨特價值的服務商，你的生意就不會輕易被「去中介化」。

延伸思考

職場or生活中，可聯想到的類似例子？

啟動亮點

用戶懂得愈來愈多，選擇愈來愈廣，生意當然愈來愈難做。

08

用戶代言人——淘寶成功的原因是支付寶

Z開了家公司，專門代理銷售某著名保險公司的產品。前幾年生意還不錯，可最近幾年，消費者可選擇的保險產品愈來愈多。有些類型的保險明顯是別家的更好，但為了完成銷售指標，Z不得不把自家的東西吹得天花亂墜。即便這樣，保險還是愈來愈難賣，怎麼辦？

產品是保險公司的，錢是用戶的，Z是中間人。在過去，Z這個中間人是站在保險公司一方的，他只有一個目標：把保險賣給用戶，不管產品好不好。但是，用戶懂得愈來愈多，選擇愈來愈廣，他的生意當然愈來愈難做。當保險公司和用戶的利益不一致時，Z選擇了幫助保險公司，因此被用戶拋棄。那應該怎麼辦呢？

Z可以考慮轉型，從「產品代理人」變為「用戶代言人」，也就是從站在保險公司的一方變為站在用戶的一方。Z可以把他這個「中間人」的交易結構，從分享保險公司的產品差價，變為賺取用戶的服務佣金。

淘寶早期成功的重要原因之一是支付寶。支付寶的邏輯是，買家下單後貨款就打到支付寶上，但支付寶鎖死貨款，並不支付給賣家，只有買家確認收貨後，賣家才能拿到錢。那萬一買家收到貨卻說沒收到呢？具體問題可以具體解決，但支付寶首先要傾向於用戶。這樣一來，淘寶就成了用戶的代言人，並最終獲得了巨大成功。

這也是很多製造商、品牌商，包括航空公司、酒店，無法轉型做電商平臺的原因。

中國最大的製造商、品牌商之一的一家企業曾經設計了一個電商平臺，但是不賣競爭對手的產品。這種模式就是企業僅是自己產品的代理人，而不是用戶的代言人。

這個品牌商的負責人說：「我們以用戶為中心。」我說：「可是，一定有些產品，競爭對手做得比你好。如果你真的以用戶為中心，就應該允許甚至推薦用戶去買競爭對手的產品，這才叫作用戶的代言人。」品牌商的負責人聽後恍然大悟，咬牙說：「那我們也賣競爭對手的東西。」

我接著說：「競爭對手不會讓你賣的，因為他們擔心你會向他們的用戶兜售自己的競品。真想成為用戶代言人，你必須和自己的產品利益分道揚鑣。」

今天，幾乎所有的網路公司都是用戶代言人。

旅行網站沒有自己的飛機、酒店業務，它們才能代表用戶向航空公司、酒店下狠手；盒馬鮮生不養帝王蟹、不種菜，它才能代表用戶計較每一分錢的生產利潤。

從交易結構的角度理解，用户代言人就是典型的反轉交易結構，把「零售」變成了「零買」，把代表企業「賣」東西變成了代表用户「買」東西。

那麼，怎樣才能變成用戶的代言人呢？

第一點，學習網路公司或者軟體公司，設立「產品經理」職位。這個職位，本質是用戶在公司內部的代表。公司老闆不應該考核產品經理的銷售水準，只應考核他們在多大程度上真的代表了用戶，並據此和其他部門戰鬥。微軟有個著名的三駕馬車理論：開發、測試和產品經理是三駕馬車，開發代表產品，測試代表質量，產品經理代表用戶，彼此制約，疊代前行。

第二點，如果產品滿足長尾需求裡最大的痛點，將有機會成為爆款。但是，爆款思維還是工業時代的思維。在用戶為王的時代，基於工業化四．〇的發展，我們可以考慮如何為每一個用戶都訂製專屬產品。就像「紅領」西服用彈性生產線，生產私人訂製的西裝；海爾用無燈工廠，生產私人訂製的洗衣機一樣。

掌握關鍵

用戶代言人

用戶代言人是典型的反轉交易結構，把「零售」變成「零買」，把代表企業「賣」東西變成代表用戶「買」東西。怎樣才能成為用戶的代言人？一、在公司內部設立產品經理一職，並且考核這位產品經理在多大程度上，真正代表了用戶。二、在用戶為王的時代，考慮為每一個用戶訂製專屬於他的產品。

延伸思考

職場or生活中，可聯想到的類似例子？

第3章

融資

01 **風險投資**－為何替創業失敗買單

02 **遞進投資**－風投如何規避風險

03 **人命關天**－為什麼你沒拿到投資

04 **馬相伯樂**－創業者如何找到合適的錢

啟動亮點

創業者有最瘋狂的心，投資人有最冷靜的腦。

01

風險投資——為何替創業失敗買單

二〇一七年春節，新浪微博給我的帳戶發了些錢，請我給粉絲們發紅包。我只要按下「發送」鍵，紅包就會以我的名義發出去。

「免費」甚至「倒貼」，已經成了網路的一種基本形態。這讓一直靠自有資金滾動發展起來的傳統企業非常不解和頭疼：這些錢，都是從哪裡來的？萬一沒賺回來怎麼辦？會因為「私有資產流失」而坐牢嗎？

其實，這一切看似瘋狂的行為背後，有一股理性力量在支持，那就是「風險投資」。

什麼是「風險投資」？風險投資就是通過買走創業的「失敗風險」，從而讓創業者往成功目標一路狂奔的金融工具。

二〇〇四年，一位年輕的創業者胸懷大志，做了一個網站，結果失敗了。他不氣餒，做了一個又一個，屢戰屢敗，屢敗屢戰。到了二〇一〇年，這位「打不死的小強」又做了一個專案計畫，終於成功。這次成功建立的公司叫美團網，那個「小強」叫王興。但是，美團需要為之前失敗的計畫買單嗎？

當然不需要。因為王興為之前的計畫買了「創業保險」，如果計畫失敗，風險投資人承擔虧損。但是，王興也為此付出了高昂的代價：如果某個計畫成功了，需要分給風險投資人很大比例的財富。

風險投資在外行人看來就像賭石＊一樣不可靠，但每個投資人都有一整套判斷石頭裡面有沒有寶玉的獨特方法。這些方法本質上其實是概率遊戲。

＊用原石來賭博。翡翠在開採出來的時候，因為被一層風化皮包住，切割之後才會知道內部的質量好壞。裡面如果有上等的翡翠，就賭贏了；如果沒有，就輸了。

網路最大的優勢是效率，它用極低的邊際成本網聚傳統企業無法想像的龐大用戶，突破引爆點，達成贏家通吃，並獲得因此帶來的巨額收益。投中一個阿里巴巴、京東或者小米，都能獲得幾十倍、上百倍的收益。

如果失敗了呢？前期的投入顆粒無收，這才是大概率事件。也就是說，風險投資是用百分之九十九顆粒無收的風險，換取押中下一個馬雲的不到百分之一的可能性。

所以，風險投資者都是理性的賭徒，他們通過對趨勢、團隊等的判斷，提高賭中「同花順」的概率。而判斷能力的差異，最終體現在誰能把百分之一的成功率，提高到百分之二、百分之三，甚至百分之五。

如果說創業者有最瘋狂的心，投資人就有最冷靜的腦。基於這個概率遊戲，投資者設計了複雜的「創業保險」的產品體系，比如：天使輪、A輪、B輪、C輪等。愈往後的險種風險愈小，收益率也就愈低。

那麼，創業者找風險投資時，有什麼需要注意的地方呢？

第一，千萬記住，創業是九十九死一生的遊戲。創業一定不要用父母養老的錢，還要留好給家人生活用的錢。可以找風險投資，用稀釋掉的股份買一份「創業保險」。

第二，每個創業者都認為自己會「一將功成」，但大多數人最終都是「萬骨枯」。如果十個投資人都不看好你，可能是他們沒眼光，但更可能是你自己不可靠。創業者要借助投資人的經驗修正自己的看法，而不要愛上自己的PPT（簡報）。

第三，融資甚至上市都不是成功的標誌，它們都只是新階段的開始。盈利才是公司存在的意義，而客戶和產品才是盈利的核心。把套取風險投資的錢當成商業模式，這和騙保的性質差不多。

第四，一旦拿了融資，公司就不完全屬於創始人了。當創始人的節奏和投資人期待不符的時候，創始人可能會懷疑到底誰是老闆。這也是有些創始人把公司買回來的原因。

掌握關鍵

風險投資

就是用百分之九十九顆粒無收的風險，換取押中下一個馬雲的不到百分之一的可能性。風險投資在外行人看來就跟賭博沒兩樣，不過每個投資人都有自己的押寶方法，這些方法本質上其實是概率遊戲。投資者設計了複雜的「創業保險」的產品體系，例如天使輪、A輪、B輪、C輪等；愈往後的險種風險愈小，收益率也就愈低。

延伸思考

職場or生活中，可聯想到的類似例子？

02

啟動亮點

遮進投資方式能逐級排除特定創業風險，幫助優秀的公司走到最後。

遮進投資——風投如何規避風險

創業是九十九死一生的遊戲，風險非常大，怎麼辦？找風險投資。可是，風險投資就不擔心風險嗎？並不是。但風險投資有一整套非常完善的「創業風險管理機制」，通過天使輪、A輪、B輪、C輪、D輪、上市（IPO，首次公開募股）的遮進投資方式，逐級排除特定創業風險，幫助優秀的公司走到最後，儘早淘汰不合格計畫。

這個「遮進投資」的創業風險管理機制具體是怎麼運作的呢？

創業者有了一個想法、幾位夥伴和一腔熱血後，給他錢，幫他邁出夢想第一步的人叫「天使投資人」。在天使輪，一個創業想法的價值取決於三件事。

第一件事，市場容量。智慧手機的市場容量肯定比冰箱的大，外賣平臺的市場容量肯定比米其林餐廳的大——市場容量決定創業的「高度」。

第二件事，創始團隊。有連續創業成功背景的人通常比大學畢業生估值高，有高級管理背景的人要比沒管過團隊的人估值高——創始團隊的能力決定了達到創業高度的「可能性」。

第三件事，投資熱度。錢多、好計畫少時，資本競爭激烈，創業者的談判籌碼高，估值就高；而資本寒冬時，投資人都不敢出手，計畫估值就低。

創業者可以基於以上三點，再參考競爭公司的估值，來評估自己計畫的價值。

拿到天使融資後，創業公司應該什麼時候進行A輪融資？什麼樣的創業公司能拿到A輪融資？答案是：創業者向投資人證明，計畫成功規避了「天使輪風險」。

什麼是「天使輪風險」？天使投資人冒著血本無歸的風險投錢，是相信創業者至少有組織團隊、做出產品的能力。很多創業者拿了投資後，要嘛做不出產品，要嘛做出的產品一塌糊塗；或者沒有領導力，很難找到優秀的員工追隨，這些都是天使輪風險。如果沒能規避天使輪風險，A輪投資人是不會投資的。創業計畫往往會因為沒有新的資金注入，死在這裡。

反之，如果創業者做出了好產品，搭建了好團隊，用戶數量迅速增長，產品得到了用戶認可呢？那麼，天使輪風險被排除，A輪投資者會「解鎖」估值上限，提高到原來的三～五倍。

接下來，什麼時候進行B輪融資？這一關的「創業遊戲」要排除掉「收入風險」：在天使輪有了團隊、產品、種子用戶後，計畫需要找到「收入模型」。

什麼叫收入模型？就是用戶為什麼付錢？付多少錢？有多少人付錢？當找到核心業務、關鍵要素，並能產生持續的、快速增長的收入時，說明產品被用戶真正接受了。這個時候，公司就可以進行B輪融資。B輪投資者會在A輪估值的基礎上，繼續「解鎖」兩倍左右的估值。

其實，創業就像打電動，每一關的小怪都是一種特定的風險。B輪要打的小怪叫「盈利模式」。在很多情況下，有收入不代表能有盈利，創業者怎樣驗證自己的模式最終是賺錢的呢？

在這一步，創業者要掌握一些核心資源，控制成本結構，理順關鍵流程，建立圍繞核心業務的支持系統，驗證自己的商業模式。如果在單點（比如線下的一座城市或線上的一個用戶群）中完全走通，能賺到錢，那麼就可以去找C輪投資人了。

拿到C輪投資後，創業者要排除的是「營運風險」：單點成功的商業模式可以擴張到全國或者全網嗎？創業者可以管理迅速擴大的團隊嗎？這時候，很多公司開始引入職業經理人、專業營運人才，幫助公司夯實基礎，攻城略地，搶奪市場份額（市占率）。

但是，創業公司有數百上千家，最終能占據大份額市場的必然是少數。這一輪戰爭是最慘烈的戰爭，百舸爭流，只過幾艘。因此，有一個說法叫「C輪死」，就是大批的創業公司會死在這一輪上。

最終，排除了營運風險，再加上一些運氣，走到D輪投資人面前的基本已經是贏家了。D輪投資人，基本就是為上市作準備的投資銀行等機構。

創業公司經過一輪規範化、股改、業績衝刺，終於滿足了上市公司的要求，就有機會在中國、美國、香港特別行政區等國家或地區上市，公司的股票也從在一級市場上流通，變為在二級市場上交易。

上市就是打敗「大boss」，正式結束了一輪輪「打怪升級模式」，得到獎賞，並進入無限「地圖探索模式」的遊戲。

這就是風險投資的創業風險管理機制，它的基本邏輯是：逐級排除風險，直到公司上市或者被收購。

掌握關鍵

遞進投資

在天使輪階段，創業者可以根據市場容量、創始團隊、投資熱度這三件事，衡量其計畫的價值。當計畫成功排除了「天使輪風險」，就可以進入A輪融資。等到公司有了「收入模型」，再來就是進行B輪融資。B輪要解鎖的關卡是「盈利模式」，過關了才能進入C輪。拿到C輪投資後，創業者要排除的是「營運風險」，這一輪戰爭最為慘烈。等到排除了營運風險，再加上一些運氣，就走到了D輪；能熬到這一輪的創業者，基本上已是贏家。經過一輪規範化、股改、業績衝刺，終於滿足了上市公司的要求，就有機會IPO或者被併購。

延伸思考

職場or生活中，可聯想到的類似例子？

03

啟動亮點

到底什麼樣的計畫，才符合風險投資的「投資理念」？

人命關天——

為什麼你沒拿到投資

很多創業者到處約見投資人，然後回去等消息，結果往往是再也沒了音信，怎麼辦？

其實，很多創業者並不清楚，到底什麼樣的計畫才符合風險投資的「投資理念」。

我採訪了原子創投的創始合夥人馮一名，他把投資人常說的「看人，看計畫」細化為具體的四點，即人、命、關、天。

第一點，人，即團隊。

創業失敗，百分之九十都是人的原因，可以概括為五類：

- 第一類，能力和經驗。從一個人過去做的事、培養的能力，可以判斷他是否適合做這件事。比如，一個人過去做技術，而這件事是以銷售為導向的；或者一個人過去在大公司工作，追求工作和生活平衡，而這件事需要全力拚命，那他就極有可能不適合做這件事。
- 第二類，團隊是怎麼認識的。創始團隊如果彼此認識很久，尤其是同鄉、同學、同事，感情基礎扎實，遇到分歧就不容易拆夥。而剛認識不久就搭夥創業的團隊，有更大的投資風險。
- 第三類，股權分配。股權代表話語權，股權平均分配意味著團隊裡沒有靈魂人物。如果從南面和北面都可以爬上山，那麼話語權均分的團隊只會在山下爭吵；而股權分配差距過大的話，團隊又容易拆夥。
- 第四類，激情和渴望。孫正義說：「我投楊致遠，是因為他的每個細胞都在顫抖；我投馬雲，是因為他的眼睛裡充滿了火焰。」沒有這種激情甚至是渴望，在舉步維艱的創業路上是撐不過去的。

- 第五類，兼職的不投。一切兼職創業都是「耍流氓」，他們隨時可以撤退，還能分享創業公司增長的收益，這會讓全職創業者積累不滿。計畫愈成功，團隊愈不穩定，愈容易出問題。

第二點，命，即使命。

命，就是創業者心中有沒有遠大的使命。

風險投資人期待的不是三倍、五倍的回報，而是三十倍、五十倍的回報。創業者是不是在做一件足夠大的事情？如果是，即便短期不賺錢也沒關係，因為很多足夠大的事情在短期內都不賺錢，但一旦優勢形成，就能賺大錢。

此外，在奔向這個使命的過程中，創業者有沒有核心競爭力和護城河？有沒有能力從技術壁壘、品牌價值、規模效應等方面阻擋追隨者？

第三點，關，即節點。

創業就是闖關，先是團隊關，然後是產品關、市場關、商業模式關。闖過所有的關，創業才能成功。好的創業者，應該具備良好的闖關節奏感。比如，在產品被用戶接受之前，要盡可能少花錢，要慢；產品一旦被驗證可行，要瘋狂地搶占市場，要快。因此，對節點的理解和對節奏的把握，是評價創始人的重要標準。

第四點，天，即風口。

很多機會，早了不行，晚了也不行。在美國，蘋果、微軟等一批公司都是在一九七五年、一九七六年左右創立的；在中國，新浪、網易、搜狐、百度、阿里巴巴、騰訊等一批公司，都是在一九九八年、一九九九年左右創立的。如果時機不對，早了被餓死，晚了被踩死。踏準行業大趨勢的創業公司，更容易成功。

掌握關鍵

人名關天

原子創投的創始合夥人馮一名，把投資人常說的「看人，看計畫」，細化為具體的四點：一、人（團隊），創業失敗的原因，百分之九十都是人為因素；二、命（使命），創業者心中是否有遠大的使命，影響著創業成敗；三、關（節點），好的創業者，應該具備良好的闖關節奏感；四、天（風口），創業時機不對，早了被餓死，晚了被踩死。

延伸思考

職場 or 生活中，可聯想到的類似例子？

啟動亮點

雖說千里馬的價值取決於伯樂，但千里馬也有權力挑選伯樂。

04

馬相伯樂——

創業者如何找到合適的錢

投資人用「人、命、關、天」判斷創業者；其實，創業者也需要挑選合適的伯樂。在採訪了三位創業者——The ONE音樂教育品牌創始人葉濱、找鋼網創始人王東、車和家創始人李想之後，我把這三匹千里馬的頓悟，提煉為三條基本功。

第一條，反向盡職調查。

融資就是結一場不能離的婚，一旦拿了投資人的錢，之後就算發現三觀嚴重不合，也要含著淚一起走下去。但是，創業投資是一個門檻相對較低的行業，只要有一筆願意用於冒險的錢，就可以自稱是投資人。

那該如何找到合適的投資人？創業者要對投資人做「反向盡職調查」。比如，某個投資人是投天使輪、A輪還是B輪的？如果投資人專注在C輪或者Pre-IPO（上市前），他是不會搭理A輪創業者的，就算搭理也只是想瞭解一下行業新動向。

投資人的基金處於生命週期的哪個階段？專業化管理的基金，對LP（limited partner，有限合夥人）都有投資回報期的承諾，比如五年、七年或十年。如果基金處於七年回報期中的第五年，它的錢通常已經基本投完了。投資人搭理創業者，也只是為了豐富自己的知識結構。

面對C輪，尤其是Pre-IPO階段的基金，創業者要瞭解它的決策機制是什麼。和創業者聊的人即使再有意願，最後通常都是十票中六票通過才能投錢。理解決策機制，創業者才能做好準備和預期管理。

投資人投過哪些公司？創業者可以和他投過的創始人聊聊，瞭解投資人會不會盡心盡力給創業者指導、幫助和對接資源；會不會為了自己的利益，不擇手段，犧牲創業者。

第二條，理解錢的性格。

不同的錢有不同的性格，創業者應該拿誰的錢？

拿朋友的錢嗎？朋友通常不懂專案計畫，只是信任創業者賺錢的能力。如果虧錢，可能連朋友都沒得做了。所以，朋友的錢內心脆弱，一定要把醜話說在前面。

拿企業家的錢嗎？他們能提供的不僅是錢，還有資源和幫助。但企業家通常比較強勢，會提很多建議，控制欲很強。

拿土豪的錢嗎？雖然土豪錢多事少，創業者可以保持巨大的自由度。但是，土豪除了給錢，可能什麼忙都幫不上。

拿戰略投資人的錢嗎？他們可以幫創業者獲得客戶、人才、上下游資源，但是，創業者要確保自己的願景和他們的目標高度一致，否則可能會變成一盤大棋裡的棋子。戰略投資的錢自帶約束。

拿財務投資人的錢嗎？絕大部分專業的風投機構都是財務投資人。財務投資人比較冷靜，他們認同創業者的團隊、戰略，對控制公司沒興趣，只想通過投資獲得巨大的財務回報。但這些錢也因此通常比較短視，以退出為開始。

搞清楚錢的性格，對找到匹配的伴侶來說很重要。

第三條，確保氣味相投。

要結一場不能離的婚，究竟是美貌重要還是脾氣重要？從長遠來看，還是脾氣重要。所以，一定要找氣味相投的投資人，才能走得遠。

首先，找到那種「他認可你」的感覺。如果投資人只是覺得在這個賽道上必須投一家公司，正好找到了你，那你要慎重。投資人對你沒有充分的認可，一旦遇到困難，你會很難受。然後，找到那種「你信任他」的感覺。這種感覺通常來自於知識、智慧和信任。

知識就是他對你的行業瞭解嗎？他對未來有沒有判斷？這些知識有時比錢更重要。

智慧就是決斷力。很多人都在關注自己失去了什麼、得到了什麼，但很少有人能幫創業者想清楚到底想要什麼。

信任是一種天生的能力。投資人是不是有耐心真誠地瞭解你，然後給出建議？投資人是否願意站在企業家的背後默默提供幫助？

千里馬也有權力挑選伯樂。面對一個不能反悔的決定，不要說「我沒有選擇」。「對不起，你很好，但是我們不合適」是每一個人都可以做出的選擇。

除了以上三條，三位創業者都不約而同地提到了兩件事：

第一件，拿到錢是最重要的。活下去是發展的根本，所以相對於估值高低、投資人名氣大小等，能拿到錢最重要。

第二件，找個可靠的融資顧問。投資人掌握的資訊是十倍、百倍地多於創業者的，靠得住的融資顧問能夠節省創業者大量的時間和精力。

掌握關鍵

馬相伯樂

創業者需要投資人挹注資金，但也不能為了錢而隨便找人合作，因為融資就是結一場不能離的婚，一旦拿了投資人的錢，日後就算雙方嚴重不合，也得含淚一起走下去。如何找到匹配的投資人？第一，反向調查投資人。第二，想清楚該拿哪一類投資人的資金。第三，確定雙方氣味相投且目標一致。

延伸思考

職場 or 生活中，可聯想到的類似例子？

2 PART

做大做強

第4章

複製做大

啟動亮點

老闆從來都是不可複製的，把自己當成核心競爭力的企業都做不大。

01

槓桿理論——成功不可複製，但成功的原因可以

我經常被問到一個問題：潤總，我開了個舞蹈培訓班／健身房……很成功，怎樣才能複製這家店的成功，做得更大？

複製做大的本質，是找到一個堅實的能力內核作爲支點，然後用更多的資源槓桿撬動更大的結果。複製做大的理論基礎是「槓桿理論」。

提到槓桿理論，最知名的就是阿基米德（Archimedes）的這句話：「給我一個支點，我能撬動整個地球。」這句話藏著兩個關鍵詞：支點和槓桿。

什麼是支點？在商業世界中，支點就是你的「能力內核」：你到底會做什麼？它是不是不可替代？它可持續嗎？可複製嗎？能力內核必須足夠堅實且可複製。

什麼是槓桿？就是你「用以撬動更大成功的資源」：你擁有什麼資源？可以借助什麼資源？是團隊、產品、資本還是影響力？資源槓桿必須充沛而有效。

如果你飯做得非常好吃，這是你的能力內核嗎？它不可替代嗎？如果它不可替代，那它可以複製嗎？

成功是結果，能力內核是成功的原因。成功不可複製，但能力內核可以。你能像化學家一樣，從成功經驗中提取出能力內核嗎？

肯德基能在中國開設四千多家連鎖店，就是因為它在炸薯條時，不是用「色澤金黃」做標準，而是把薯條在攝氏一七六．六六度的油裡炸兩分四十五秒後準時起鍋。

而在中餐裡，能把連鎖店開得相對多的可能就是火鍋了。這是因為火鍋的能力內核——獨家祕方的鍋底，已經可以在工廠批量生產了。

回到開篇的問題，那些舞蹈訓練班創始人、健身房老闆的支點，是他們作為老闆的嘔心瀝血、以身作則嗎？可是，一個老闆可以在第一家店嘔心瀝血、以身作則，卻無法在每家店都這麼做。他們的支點，是有幸聘請到特別好的舞蹈老師／健身教練嗎？可是一位老師／教練的水準再高，都無法去每家店教所有學生。

那麼，到底什麼才是可以複製做大的支點呢？

第一點，好產品不是支點，做好產品的流程才是。很多人喜歡home made，也就是純手工製作，但是純手工製作意味著難以複製。把以技藝為核心的「手工業」變成以流程為核心的「工業」，是夯實支點的關鍵。

第二點，好員工不是支點，產生好員工的制度才是。一兩個員工鞠躬盡瘁很容易讓老闆感動，但是，他們鞠躬盡瘁的原因具有普遍性嗎？如果把所有員工換掉，現有的激勵制度能讓新員工像老員工那樣鞠躬盡瘁嗎？要把員工動力從個人覺悟變為系統性的誘因相容（incentive compatibility），這是夯實支點的關鍵。

第三點，好用戶不是支點，獲得好用戶的方法才是。某人正好把健身房開在了全市著名的以加班為常態的公司旁邊，所以生意特別好，但這點不可複製。他開第二家店時，如何找到另一個「加班公司集散地」？找到有效流量的方法論，才是夯實支點的關鍵。

大部分人很難複製單點的成功，是因為沒有找到自己成功的支點，就直接上槓桿。

老闆從來都是不可複製的，把自己當成核心競爭力的企業都做不大。個人也是一樣。如果你沾沾自喜，覺得某些事情非自己不可。那麼，你在享受不可替代的自豪感時，也放棄了複製做大的機遇。

掌握關鍵

槓桿理論

槓桿理論是複製做大的理論基礎。而複製做大的本質，是找到一個堅實的「能力內核」作為支點，然後用更多的「資源槓桿」去撬動更大的結果。能力內核必須足夠堅實且可複製；資源槓桿必須充沛而有效。

延伸思考

職場 or 生活中，可聯想到的類似例子？

02

啟動亮點

麥肯錫用「知識庫+方法論」做支點，用兩萬七千名員工（即團隊）做槓桿，成功地複製做大。

團隊槓桿——

為什麼麥肯錫如此成功

複製做大的核心是支點，即堅實可複製的能力內核。而一旦有了支點，就需要一條充沛而有效的「資源槓桿」。本篇文章將詳細介紹你應該使用嫻熟的第一根資源槓桿——團隊。

我創立的潤米諮詢公司屬於諮詢業，這個行業裡的小公司多如繁星，但做得非常大的很少。為什麼？因為諮詢業非常依賴諮詢顧問的專業能力，而真正專業能力很強的顧問是可遇而不可求的，一旦做大就會出現人才瓶頸。所以，諮詢業很難複製。

但是，就在這樣一個很難複製、很難做大的行業中，有一家公司卻做得非常成功，在全球不斷複製自己，這家公司就是麥肯錫（Mckinsey & Company）。它是怎麼做到的？

首先，麥肯錫找到了自己的支點，也就是它堅實可複製的能力內核。麥肯錫把所有服務過的客戶案例導入一個知識庫：這家企業這麼做成功了，那家企業那麼做失敗了，都記錄下來。同時，麥肯錫還發明、設計了很多諮詢的方法論，比如MECE（mutually exclusive collectively exhaustive，相互獨立、完全窮盡）法則*、七步分析法*等。

「知識庫＋方法論」就是麥肯錫從最有經驗的諮詢顧問體內提取出來的能力內核，就是那個支點。有了這個能力內核，麥肯錫開始尋找它的槓桿。

麥肯錫每年從全球各所頂尖大學，比如哈佛、史丹佛、麻省理工，招來大批剛從商學院畢業的年輕人。這些頂尖聰明的年輕人就是麥肯錫充沛而有效的資源槓桿。

麥肯錫現在在全球已經有兩萬七千名員工了。這群頂尖聰明的年輕人，通過科學的方法論和被驗證的知識庫，可以給比他們年長二十歲、三十歲甚至五十歲的、經驗豐富的企業家提供戰略諮詢服務。為什麼？因為讓這些企業家心服口服的並不是這些「小朋友」，而是那些無比堅實的能力內核，是「知識庫＋方法論」。所以，麥肯錫用「知識庫＋方法論」做支點，用兩萬七千名員工（即團隊）做槓桿。

團隊槓桿有幾種用法呢？大致有四種，它們是：羽毛球雙打模式、足球隊模式、交響樂隊模式和軍隊模式。

什麼是羽毛球雙打模式？羽毛球雙打的兩位選手之間沒有非常明確的分工，共同為結果負責。把兩名選手黏合成團隊的，是合夥人式的、彼此間的「信任」。

＊ME，「彼此獨立」之意；CE，「互無遺漏」之意。MECE原則就是把某個有待解決的大問題拆解成數個小問題來討論，同時留意各個小問題之間是否有重疊性，沒有的話，就是做到了彼此獨立；而如果統整所有的小問題就能夠完整地回答這個大問題，那就是做到了互無遺漏。

＊七步分析法又譯麥肯錫七步驟、麥肯錫七步成詩法。這七個步驟分別為：界定問題、搭建問題的架構、排定優先順序、議題分析、彙整、說故事，以及簡報。

什麼是足球隊模式？十一個球員有明確的戰略分工，但是彼此協同。十一個人不能都去搶球，但遇到風險，必須有人能補位。把十一個球員黏合成團隊的，是諸如三四三陣型、三五二陣型的「戰略」。

什麼是交響樂隊模式？整個樂隊只有一個樂譜，這個樂譜是演奏流程，而指揮有微調流程的權力。這樣，上百人的演奏才會發出和諧的聲音。把上百人黏合成團隊的，是「樂譜＋指揮」式的「流程」。

什麼是軍隊模式？在軍隊中，每個士兵都不瞭解全局，但都對使命有神聖感，對制度有敬畏感。每個人都是流水線上的一個工種，殺敵就有獎，叛逃必懲罰。把成千上萬的士兵黏合成團隊的，是「獎懲」。

團隊槓桿很重要，但要記住，使用團隊槓桿來複製做大的前提是已經提取出了能力內核。那些感嘆「二十一世紀人才最貴」的創業者和企業家，很多都是因為沒有能力內核，所以一廂情願地把企業的未來寄託在找到全知全能又忠心耿耿的團隊上。這樣的成長，是不可複製的。

掌握關鍵

團隊槓桿

找到了複製做大的支點，接下來需要充沛且有效的「資源槓桿」；而團隊，就是你必須嫻熟的第一根資源槓桿。使用團隊槓桿來複製做大的前提，是你已經提取出了能力內核。很多創業者和企業家感嘆好的人才又貴又難尋，那是因為他們沒有能力內核，只能一廂情願地把企業的未來寄託於找到全知全能又忠心耿耿的團隊，但這樣的成長是不可複製的。

延伸思考

職場 or 生活中，可聯想到的類似例子？

啟動亮點

一旦脫離對人類時間的依賴，複製做大的可能性就大為增加。

03

產品槓桿——

為什麼埃森哲能進世界五百強

自從我二〇一三年進入諮詢業後，很多人都問過我：麥肯錫和埃森哲（Accenture）有什麼區別？為什麼麥肯錫那麼厲害都進不了世界五百強，而埃森哲可以？我個人認為，其中非常重要的一個原因是，麥肯錫用的是「團隊槓桿」，而埃森哲用的是「產品槓桿」。

什麼叫產品槓桿？我舉個例子。

在十五世紀的歐洲，抄寫《聖經》是一個專門的職業，叫「謄寫師」。一個謄寫師一年大約能抄一本《聖經》。所以，在十五世紀，買一本《聖經》實際買的是一個謄寫師一年的時間，一本《聖經》的售價實際上是謄寫師一年的工資。而這一年的工資，不僅要養活他自己，還要養活他的一家。所以，當時只有富人才買得起《聖經》。

諮詢行業也是一樣的，客戶諮詢了幾個月，最後拿到手的只是一套PPT，但這套PPT背後是幾十名顧問奮戰數月的成果。

一本《聖經》要一個人抄一年，那怎樣傳播宗教呢？歐洲教廷採取了團隊槓桿的模式，僱用了大約一萬名謄寫師，複製做大。即便如此，傳播效率還是很低，怎麼辦？

一四五〇年，約翰尼斯．古騰堡（Johannes Gutenberg）開了一家活字印刷廠，開始用產品槓桿印刷《聖經》。活字印刷術的發明使用，讓複製《聖經》的成本大大降低，速度大大提高，產量大大增加。這使得複製《聖經》這件事從嚴重依賴人類邊際交付時間的「服務」，變成了更多依賴技術和工具而較少占用人類時間的「產品」。一旦脫離對人類時間的依賴，複製做大的可能性就大大增加了。

為什麼世界五百強企業，做產品的公司要遠遠多於做服務的公司？

因為只有盡量脫離對人類時間的依賴，公司才有可能具有不受限制的發展空間。

回到開篇的問題，為什麼麥肯錫不是世界五百強，而埃森哲是？麥肯錫本質上是把自己對企業管理的理解變成了服務，用團隊交付；而埃森哲是把自己對企業管理的理解變成了軟體，用產品交付。它的名氣也許不如麥肯錫，但埃森哲在複製做大的空間上具有更大的優勢。

如果你也想使用產品槓桿，應該怎麼做呢？

網路創業者姬十三做過一個產品叫「在行」，讓有諮詢需要的人可以和專業人士在App裡對接，付費後在線下見面。在行雖然做得不錯，但出售的依然是服務。整個平臺的專業人士，本質上都是它的團隊槓桿。

後來，姬十三做了個新產品叫「分答」。有疑惑的人可以付費向專業人士在線提一個問題，專業人士回答後，提問者可以把這個答案分享出去。「偷聽」答案者要支付一元，這一元由提問者和回答者各得一半。這個「偷聽」的設計，就是把專家的回答「產品化」了——偷聽產生的額外收入並不占據回答者額外的時間。在行使用的是團隊槓桿，而分答使用的是產品槓桿。

我在線下給企業家講課，雖然收費不菲，但對我的時間占用是非常硬性並且不可複製的。我給這家企業做分享的時候，就不能給那家企業做分享。而《5分鐘商學院》的課程把我的知識從「服務」變為了「產品」。每增加一位學員，我花費的時間並不會增加一倍。《5分鐘商學院》本質上是使用了產品槓桿，所以在複製做大的空間上具有更大優勢。

有的人一生都在用時間提供服務，有的人一生都在從時間裡提取產品。你喜歡麥肯錫式的人生，還是埃森哲式的人生呢？

掌握關鍵

產品槓桿

為什麼麥肯錫不是世界五百強，而埃森哲是？本質上，麥肯錫是把它對企業管理的理解變成服務，用團隊交付；而埃森哲是把它對企業管理的理解變成軟體，用產品交付。把從嚴重依賴人類邊際交付時間的「服務」，變成更加依賴技術和工具、較少占用人類時間的「產品」，企業才有可能具有不受限制的發展空間。

延伸思考

職場or生活中，可聯想到的類似例子？

啟動亮點

投資業才是真正的諮詢業，因為投資人不僅給建議，還給錢，為自己的眼光和建議下注。

04

資本槓桿——貝恩模式是怎麼運作的

諮詢業除了有使用團隊槓桿的麥肯錫，使用產品槓桿的埃森哲之外，還有一家神奇的公司，即著名的貝恩資本（Bain Capital）。

貝恩資本的創始人就是在二〇一二年和歐巴馬對陣，競選美國總統的威拉德．米特．羅姆尼（Willard Mitt Romney）。羅姆尼從哈佛畢業後，加入了著名的波士頓諮詢公司（Boston Consulting Group），後來成了另一家諮詢公司貝恩諮詢的副總裁。

一九八四年，羅姆尼離開貝恩諮詢，創立了貝恩資本。兩者的區別在於：貝恩諮詢是一家諮詢公司，羅姆尼在那裡是打工者；貝恩資本是一家投資公司，羅姆尼在這裡是創業者。更重要的一點是，貝恩諮詢使用的還是諮詢業傳統的「團隊槓桿」，而貝恩資本使用的是「資本槓桿」。

有一次，我和小米公司的投資人、晨興創投的合夥人劉芹聊天。他說投資業才是真正的諮詢業，因為投資人不僅給建議，還給錢，為自己的眼光和建議下注。

羅姆尼的觀點和劉芹的非常一致。因此，羅姆尼發明了一種複製放大諮詢業能力核心的特殊方法論：貝恩模式。

貝恩模式是怎麼運作的呢？

首先，羅姆尼會關注並挑選一些在經營上遇到問題的成熟型公司。然後，他會派分析師團隊對這家公司進行長達幾個月的研究，判斷它是否還能挽救。

如果能挽救，羅姆尼會向這家公司提出收購邀約，收購的先決條件是他要對這家公司擁有絕對控股權。一旦收購成功，羅姆尼會從公司內部派遣幾十位諮詢顧問，前往被收購公司，進行一切相關諮詢服務。最後，被挽救的公司價值大幅增加，羅姆尼出售公司獲利。

那麼，貝恩模式的效果如何呢？

一九九〇年，貝恩資本投資了資訊技術研究公司Gideon Gartner，獲得了十六倍的回報。一九九七年，貝恩資本用十億美元收購了一家提供消費者信用報告的公司TRW，之後該公司轉型專注於汽車零件及航空發動機維修業務，數月後公司轉手賣出了十七億美元。貝恩資本還收購過著名的達美樂比薩、玩具反斗城、Dunkin' Donuts＊等。

因為這個「收購、重組、出售」的貝恩模式，貝恩資本獲得了「破產收割機」的稱號。在羅姆尼領導這家公司的十四年間，該公司的年投資報酬率為百分之一百一十三。

貝恩資本是諮詢業或者說是諮詢投資業的一個傳奇。它的本質就是把「知識庫＋方法論」這個諮詢業的能力內核，通過資本槓桿的方式來

＊Dunkin' Donuts曾兩度引進臺灣，第一次的品牌中譯名稱是當肯圈圈餅（甜甜圈）；第二次引進時，代理商直接採用英文品牌名，不作中譯。

複製放大，獲得遠超過諮詢費的收益。

如果你也想用資本槓桿複製放大自己的能力內核，應該怎麼辦？

收購公司對大多數人來說是很遙遠的事情，但是，你可以「收購你自己」。

打工相當於把自己的能力內核用「諮詢費」的方式出租給雇主。這樣沒什麼風險，但也賺不了大錢。

如果你真的對自己的能力內核有巨大信心，覺得它是堅實可複製的，那你可以選擇創業。創業的本質就是「收購你自己」，然後借助資本的力量，複製放大你的能力。

但是，所有資源槓桿——無論是團隊、產品還是資本——的作用都是複製放大。複製放大，並不必然導致成功。如果你的能力內核很強大，通過使用槓桿，你會更快地獲得成功。但是，如果你的能力內核很虛弱，槓桿只會加速你的失敗。

掌握關鍵

資本槓桿

貝恩資本把「知識庫＋方法論」這個諮詢業的能力內核，透過資本槓桿的方式複製放大，獲得遠超過諮詢費的收益。如果你也想用資本槓桿來複製放大你的能力內核，怎麼做？你可以「收購自己」——選擇創業，借助資本的力量來複製放大你的能力。不過注意了，如果你的能力內核不夠強大，槓桿只會加速你的失敗。

延伸思考

職場 or 生活中，可聯想到的類似例子？

05

啟動亮點

外地公司到你的地盤打敗不了你，你憑什麼覺得你的公司到對手的地盤就能打敗對手呢？

地頭蛇生意——強龍為何難壓地頭蛇

創業從單點成功到全面開花，幾乎必然要經歷一場戰爭：龍蛇之爭。那麼，這場攻守之戰到底應該怎麼打？

有一次，一位做工程計畫的學員來找我。他的企業在自己的城市非常成功，現在想把業務做到全國。然而，在本地順風順水的他，到了外地卻舉步維艱，這讓他深受打擊。

我問了他一個問題：「如果外地的工程公司來搶你的生意，你覺得他們有多大勝算？」他微微一笑，說：「毫無勝算。」

我接著問他：「外地公司到你的城市打敗不了你，那你憑什麼覺得你的公司到他的城市就能打敗他的呢？」他聽完我的問題心頭一驚。我說：「今天你在做的生意，是種『地頭蛇生意』。」

什麼叫地頭蛇生意？

有一些行業，在每個省甚至每個市，都有占據壓倒性優勢的當地企業，比如工程公司、保全公司、醫藥銷售公司。雖然這些行業裡有一些全國性巨頭，但屈指可數。而那些當地公司，一旦吃掉本土市場，就開始雄心勃勃地擴張到外市、外省，但最後大部分都鎩羽而歸。這種**外地公司很難進入，幾乎都是由當地公司主導市場的生意，就叫地頭蛇生意。**

地頭蛇生意並不是個貶義詞。為什麼我們常說「強龍難壓地頭蛇」？因為強龍有自己複製做大的槓桿，而地頭蛇也有自己抵禦競爭的護城河。

回到開篇案例中，我問那位學員：「你為什麼覺得外地公司會毫無勝算？」這一問題的答案是他這條地頭蛇的護城河，同理也是其他城市地頭蛇的護城河。

他說：「我所在的城市只有幾個大的工程客戶，我天天和他們泡在一起，任何人都沒法擊破我們之間的關係和信任。而且，工程行業上下游的關係錯綜複雜，除非一網打盡，否則外來人根本打不進來。」

這就是網絡效應護城河，確實厲害。

他接著說：「我對客戶的服務也是無微不至的。我對每家公司的每個特殊要求都瞭如指掌。我提供的服務細緻到位，客戶什麼都不用做。一旦離開我，客戶的天都會塌掉。」

這就是無形資產護城河，確實厲害。

他接著說：「我還和客戶合資成立了公司，客戶的公司占有股份，他們一旦和別人合作，這個股份就會作廢。」

這是轉換成本護城河，確實厲害。

「還有，我在本地，不用出差，而外地公司的人到了我所在的城市，要搭飛機、住酒店，他們的成本比我高很多。」

這是成本優勢護城河，確實厲害。

聽完這些後，我說：「這些護城河非常強大，但是，這些優勢是從哪兒來的？幾乎都來自於你是本地人，有更便利的溝通優勢，有維護人脈網絡的優勢。一旦到了外地，你的所有優勢都會蕩然無存。」

地域優勢形成的帶有天然護城河的生意，就是地頭蛇生意。

地頭蛇生意不是妥協，而是一種主動的戰略選擇。你可以選擇「飛龍在天」，但要記住，你必須把戰略勢能建立在可以用「資源×槓桿」可複製的能力內核上，比如技術、效率，而不是關係。如果你選擇「深挖洞、廣積糧」的地頭蛇生意，那也要記住，必須把戰略勢能建立在外地企業無法跨越的護城河上，打造牢不可破的城池。

掌握關鍵

地頭蛇生意

外地公司很難進入，幾乎都是由當地公司主導市場的生意，就叫地頭蛇生意。強龍有自己複製做大的槓桿，而地頭蛇也有自己抵禦競爭的護城河，例如人脈網絡、無微不至的服務、密切的合作關係、在地的交通成本優勢等。

延伸思考

職場 or 生活中，可聯想到的類似例子？

06

啟動亮點

想變成龍蛇之爭中的強龍，應該怎麼做？

流程化——靠不住的個人，靠得住的流程

「地頭蛇生意」享受了地域優勢帶來的天然護城河的保護，易守難攻。但如果你想變成龍蛇之爭中的強龍，應該怎麼做？從依靠人變為依靠系統，完成「流程化」。

什麼叫流程化？我舉個例子。

你是怎麼開發一個新客戶的？打電話，還是朋友介紹？你和客戶是怎麼溝通的？吃飯攀交情，還是開會講PPT？你怎麼知道客戶對你的方案感興趣？是約了下次見面，還是靠眼神的肯定？

如果是靠「眼神的肯定」就是依靠人，依靠一些說不清、道不明的「直覺」。直覺是無法複製的，創始人怎樣才能教會員工八百種眼神的不同含義呢？就算員工能學會，能趕上市場擴張的速度嗎？萬一學會了的員工離職了呢？

那應該怎麼辦？用流程化的方式，把個人能力變為系統能力。只有流程才能把無序變為有序，把複雜變為簡單，做到人走流程在。

比如，看上去最無法流程化的銷售工作，在很多強龍型的跨國公司裡，被流程化地分為九個步驟：

一、客戶對專案設想的確定。這個階段，銷售人員要通過市場活動獲得這些需求，並尋求參與機會。

二、找出潛在支持者。銷售人員找到的是商務負責人還是技術負責人？他們誰是支持者？

三、完成機會評估。內部評估這件事是不是公司的機會，值不值得投入精力。

四、評估方案獲得認可。和技術、服務部門一起協作，獲得客戶高層的認可。

五、完成獲得初步認可的方案。這是下苦功的時候，業務人員要做出一份能令客戶感到驚艷的報告。

六、獲得書面同意。啟動商務流程，把最終方案提交給客戶。

七、獲得簽約文件。簽署合約，完成訂單。

八、產品及方案實施部署。簽約不是終點，業務要時刻關注專案交付情況，並發現新機會。

九、完成支持工作。交付部署結束，客戶對一切滿意，銷售工作才算完成。

有了這張銷售流程圖，一個經驗未必豐富的新人，會像看地圖一樣找到自己的位置，並採取下一步行動。老闆只要問員工和客戶見過面了嗎，報告提交了嗎，滿意度報告在哪兒，就基本知道專案的進展程度。

那麼，除了銷售，還有什麼也需要流程化呢？

人才戰略也需要流程化。最優秀的人才是三顧茅廬請來的；但是，絕大多數中堅力量都是自家地裡種出來的。你有沒有持續的校園招聘計

該階段的目標	可確認的結果	控制點
引導客戶產生對專案的需求及預確定的目標	客戶對專案設想的確定	• 市場活動
找出潛在的專案機會及支持者	找出潛在支持者	• 針對特定的區域或客戶，提出初步的專案設想 • 追求的目標與銷售目標相一致
確定專案機會	完成機會評估	• 獲得經過客戶認可的痛點 • 客戶有了購買的設想 • 客戶同意進行進一步的溝通 • 與權力高層有了初步的溝通
引導客戶需求，並且與支持者建立關係	評估方案獲得認可	• 與高層進一步接觸並且客戶的痛點獲得高層認可 • 高層有了購買意願 • 開始選擇合作夥伴或服務部門介入，合作期望獲得認可 • 提交基於合作夥伴、服務、部署及支持等方面考慮的評估方案
提交高於客戶需求的方案	完成獲得初步認可的方案	• 評估方案
以客戶的高要求來演示方案的可行性	獲得書面同意	• 完成評估方案 • 提交方案預案 • 啟動商務流程 • 最終方案提交
進行商務談判，促進最終合約的簽訂	獲得簽約文件	• 簽署合約，確定部署及支持方案
完成最終的部署方案並且實施	產品及方案實施部署	• 抓住合適時機發現新思路
完成支持方案及執行和監控進程	完成支持工作	• 與客戶商討支持方案 • 與合作夥伴共同建立反饋機制 • 客戶對於部署狀況的滿意度評估

畫、員工培訓計畫、儲備幹部輪調計畫、關鍵職位接班人計畫？這一套套流程看上去複雜，但都是抵禦人才天災的重要方法。

產品戰略也需要流程化。你的產品組合，有按照生命週期峰谷交疊了嗎？你生產好產品的創意，有通過知識庫不斷積累為公司的基礎能力嗎？一款產品的上市策略，已經變為可以熟練使用的操作手冊了嗎？這些流程，都是讓產品質量不會時好時壞的最大保障。

流程化，是把企業的成功從依靠個人能力轉變爲依靠系統能力的重要步驟。人才戰略需要流程化，以保證源源不斷的新鮮血液供給；產品戰略需要流程化，以保證始終能有優質產品提供給客戶；銷售戰略也需要流程化，才能讓業績不依賴於少數超級員工。

掌握關鍵

流程化

企業依賴個人是靠不住的，穩健的企業應該要從依靠個人能力，轉變為依靠系統能力。走向流程化，才能夠把無序變為有序，把複雜變為簡單，做到「人走流程在」。什麼需要流程化？一、銷售戰略；二、人才戰略；三、產品戰略。

延伸思考

職場or生活中，可聯想到的類似例子？

06

啟動亮點

想從地頭蛇幻化為強龍，除了提高組織能力外，還要建立戰略勢能。

戰略勢能——

以強打弱，以高打低，以快打慢

為什麼IBM、奇異（GE）、西門子（Siemens）等傳統外企在中國都獲得了巨大成功，而eBay、Uber、亞馬遜這批網路時代的外企，大都在中國業績平平，甚至鎩羽而歸呢？

要理解這個問題，我們要深入瞭解「戰略勢能」。

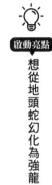

什麼叫戰略勢能？**戰略勢能，就是以強打弱，以高打低，以快打慢。**

我參與過很多IT（資訊技術）專案的招投標。招投標，就是客戶提出需求，若干供應商提出方案和報價，供客戶挑選。IT專案也是一種類型的工程專案，所以自然容易成為地頭蛇生意。甚至，很多大客戶都成立了自己的IT公司，比如寶鋼集團控股的寶信軟件、中國移動控股的卓望公司。這些「自己的IT公司」更是有得天獨厚的優勢，各自盤踞著一塊地盤。

但是，在明顯屬於地頭蛇生意的IT專案市場上空，盤旋著三條強龍，被稱為IOE：I是IBM，提供小型機產品；O是Oracle（甲骨文公司），提供數據庫產品；E是EMC（易安信公司），主要提供高階存儲產品。

在重大專案的招投標中，都有IOE的身影，因為這些專案太重要。而IOE在小型機、數據庫、高階存儲上的優勢，幾乎是碾壓式的。IOE擁有的技術優勢，就是空中打擊般的戰略勢能：以強打弱。

所以，過去同樣擁有強大技術優勢的奇異、西門子等傳統外企，在中國都獲得了巨大成功。因為他們的技術優勢就是以強打弱的戰略勢能。

那麼，除了以強打弱，還有哪些戰略優勢可以用來強壓地頭蛇呢？

還有「以高打低」。網路公司與傳統企業之爭，就是典型的「以高打低」。

滴滴出行是家在北京註冊的公司，它為什麼能強壓全中國的出租車行業地頭蛇，不斷攻城略地所向披靡呢？因為過去出租車行業營運的效率相對較低，空載率很高。而滴滴出行通過網路和大數據，預測乘客需求的分布，高效匹配用戶和司機，用系統的效率大幅度減少司機的空駛時間。這就是用高效打低效，所以所向披靡。

CEO（執行長）的職責不是責怪員工，為什麼不建立自己的戰術優勢，以少勝多，以弱勝強。CEO的職責是從外部找到系統級的戰略勢能，讓團隊在系統帶來的高效率下，可以俯衝式以高打低。

可是，為什麼IOE那麼成功，但eBay、Uber、亞馬遜在中國就沒有那麼成功呢？因為它們是網路公司。網路公司相對於傳統企業，雖然有模式創新帶來的「以高打低」的戰略勢能。但模式創新一旦被證明高效，網路公司就會蜂擁而上，這時比的是「以快打慢」。

在「比快」這一點上，又有誰能比得過中國網路公司呢？在這場誰先突破引爆點，誰就能贏家通吃的速度比賽中，中國網路公司頻頻勝出。

以快打慢就是中國網路公司相對於外企的勢能。

想從地頭蛇幻化為強龍，除了提高組織能力外，還要建立戰略勢能。強龍的戰略勢能大約有三種：以強打弱、以高打低和以快打慢。這也是我們常說的：大魚吃小魚，聰明魚吃笨魚和快魚吃慢魚。用拳腳勝兵器，用勤奮勝選擇，用戰術勝戰略，在真實的商業世界中極少發生。建立戰略勢能，才是龍行天下之道。

掌握關鍵

戰略勢能

戰略勢能，就是「以強打弱，以高打低，以快打慢」。奇異、西門子等傳統外企在中國獲得了巨大成功，是因為他們的技術優勢就是「以強打弱」的戰略勢能。網路公司與傳統企業之爭，就是典型的「以高打低」（用高效打低效），例如利用大數據高效匹配用戶和司機的滴滴出行。不過，一樣是網路公司，為何 eBay 和 Uber 在中國跌了一跤？因為網路公司的模式創新一旦被證明高效，其他網路公司就會蜂擁而上，這時比的就是「以快打慢」——誰先突破引爆點，誰就能贏家通吃，而這正是中國網路公司相對於外企的勢能。

延伸思考

職場 or 生活中，可聯想到的類似例子？

08

啟動亮點

所有重的東西放在地面，由當地夥伴完成；所有輕的東西放在總部，由自己完成。

指數級增長——

樊登讀書會為何獲得裂變式增長

假如你真的複製做大了，成了強龍，應不應該打壓地頭蛇呢？如果想要獲得「指數級增長」，也許你最好的策略不是打壓地頭蛇，而是和它們合作。

什麼叫指數級增長？我舉個例子。

「樊登讀書會」的創始人樊登對我說，他有項天賦，能在飛機上快速讀完一本書，下飛機到辦公室後畫個心智圖，就能對著鏡頭一鏡到底地講四十～五十分鐘，還講得特別精采。

因為這項天賦，樊登成立了「樊登讀書會」，用戶付三百六十五元年費，就可以在線上收聽樊登每週一本的講書音檔。

但是，樊登讀書會這個虛擬產品嚴重依賴體驗和信任，指望用戶主動花三百六十五元加入，可能性很小。而在讀書分享會上，如果某個朋友對你說「這個產品很好」，你很可能當場付錢。

那麼，樊登要不要在每座城市建立線下讀書會，促進銷售呢？

一旦建立線下讀書會，就有大量營運工作。聽書產品的邊際成本為零，理論上可以無限擴張；而線下運營正相反，嚴重依賴人的時間。如果一座城市需要五個工作人員，十座城市就是五十個。樊登讀書會這條輕盈的龍將被壓得飛不上天，怎麼辦？

樊登決定和地頭蛇合作，在全國招募省、市級合作夥伴，然後把會員費中可觀的比率分給他們。對應的合作條件：所有需要占用時間的、很重的本地營運工作都由合作夥伴來完成。樊登把精力花在打磨最輕盈的、邊際成本為零的聽書產品上。

所有重的東西放在地面，由當地夥伴完成；所有輕的東西放在總部，由樊登自己完成。樊登讀書會已經發展了兩百多個城市級分會、八百多個縣級分會以及四十七個海外分會，擁有了六百九十多萬註冊會員，實現了指數級增長。

指數級增長有兩個關鍵：裂變內核，就是一個非常輕的、獨特的、可以裂變的資產，比如樊登讀書會的聽書產品；槓桿資源，就是把所有重的東西，比如人力和資本，用槓桿化的方式和外部資源合作，比如樊登讀書會各地的合作夥伴。

這種「裂變內核＋槓桿資源」的指數級增長，對強龍和地頭蛇來說是雙贏的。強龍複製不了地頭蛇的槓桿資源，地頭蛇複製不了強龍的裂變內核，雙方可以共同獲益。

這個「龍蛇合作」式的指數級增長，還能用在很多地方。

M是開美容院的，美容院開得愈來愈多，可營業額增長速度卻愈來愈慢。怎麼辦？他決定先找到自己的裂變內核，那就是研發真正有效的、不可取代的美容產品。然後，他決定不再開新店，而是與有人才和資本的槓桿資源——其他美容院合作。

於是，他推出了「龍蛇合作計畫」。如果你想開美容院但沒經驗，M可以投資百分之七十，你投資百分之三十，而且M只分百分之三十的利潤，你拿百分之七十。但是有個條件，你必須用M的美容產品。

過了一段時間，美容院開始賺錢了，你不甘心只占百分之三十股份的話，可以用當年的價格把百分之七十的股份買回去，這樣利潤就全歸你了。但是有個條件，你要繼續用M的美容產品。

慢慢地，M的工作愈來愈輕，只做裂變內核——美容產品；而他的合作夥伴愈來愈多，都是槓桿資源，賺取服務利潤。M也因此實現了指數級增長。

掌握關鍵

指數級增長

裂變內核（輕的、獨特的、可以裂變的資產）和槓桿資源（重的東西，比如人力和資本），是指數級增長的兩個關鍵。「裂變內核＋槓桿資源」的指數級增長，對強龍和地頭蛇來說是雙贏的。強龍複製不了地頭蛇的槓桿資源，地頭蛇複製不了強龍的裂變內核，雙方可以共同獲益。

延伸思考

職場 or 生活中，可聯想到的類似例子？

09

加盟模式——為何麥當勞門市數不到肯德基一半

啟動亮點

直營雖然穩妥，卻受到資金和人才的制約，所以發展很慢。想要快速擴張，可以試試加盟模式。

H是個服裝設計師，她設計的衣服風格簡約、時尚。她的服裝店生意很好，於是決定再開一家，讓老員工負責老店，自己負責新店，經營得也不錯。可是，很快就出現模仿她服裝風格的店了。她很著急，想迅速擴張甩開跟隨者。可是店要一家一家開，根本快不起來，怎麼辦？

其實，H的根本問題是：如何實現快速擴張。H管新店、員工管舊店，滾動擴張，這叫「直營」。直營雖穩妥，但受資金和人才的制約發展很慢。如果想要快速擴張，她可以試試「加盟模式」。

什麼是加盟模式？我們先來看一個案例。

肯德基和麥當勞，哪個更成功呢？肯德基在中國有四千多家店，而麥當勞只有兩千多家，這麼看來，好像肯德基更成功一些。但從全球範圍看，麥當勞遠比肯德基成功。因為麥當勞在全球有三萬多家店，而肯德基只有一萬一千家。截至二〇一八年四月，麥當勞的市值是一千二百八十四億美元，而肯德基母公司的市值只有二百八十四億美元。

為什麼在全球範圍看更弱小的肯德基，在中國能戰勝強大的麥當勞呢？因為它們在中國採取了不同的擴張策略。

從一九九〇年開始，麥當勞在中國始終堅持直營模式，也就是自己所有、自己經營，擴張緩慢。而肯德基從一九九三年起開始嘗試加盟模式。隨著大量加盟商的加入和推動，肯德基迅速跑馬圈地*，遠超全球巨頭麥當勞。

直到二〇〇八年，麥當勞才開始啟動加盟模式，但因為八百萬元的加盟費門檻太高，推廣一度暫停。直到二〇一四年，麥當勞才正式把加盟模式作為在中國的主要擴張模式。但是，此時的肯德基根基已穩。

到底什麼叫加盟模式？

品牌商是強龍，比如肯德基、麥當勞，但是強龍很難把觸角親自扎到每個省、市、區、縣，甚至鎮和村，所以強龍要和地頭蛇合作，最好鎖在一起，這就是「連鎖」。具體要怎麼連、怎麼鎖呢？

強龍手上有兩把鎖，分別是所有權和經營權。**所有權、經營權都是自己的，叫作「直營」；所有權、經營權分享給別人，叫作「加盟」。**所有權分享給加盟商，可以用利益激發他們的積極性；經營權分享給加盟商，可以用自主權激發他們的靈活性。

回到開篇的案例，H應該怎麼辦呢？她可以在幾家店被驗證成功後，推出加盟模式，迅速擴大市場占有率，與追隨者拉開差距。

那麼，加盟模式有哪些操作方法呢？具體有五種。

＊清朝初期圈定土地歸屬的一種方式。

第一種，委託加盟。

品牌商全額投資所有加盟店，擁有加盟店的所有權，只把經營權分出去。加盟商負責經營並分享利益，萬一經營不善，品牌商可以換掉加盟商。這種模式資金占用大，但控制權也大。

第二種，特許加盟。

加盟店百分之六十以上的投資由加盟商負責，加盟商控制新店的所有權和經營權。這種模式，加盟商風險大，但利益大，所以動力也大。品牌商需要通過非常嚴格、細緻的條款約束雙方的權利和義務。

第三種，自願加盟。

加盟店的全部資金和全部經營都歸加盟商所有。這種模式，加盟商的權力、利益和風險都是最大的，而品牌商的控制力最小。所以常出現加盟商出於利益需要，違反品牌商管理規範的事件。

第四種，供貨加盟。

所有權和經營權都歸加盟商，同時，品牌商對加盟商沒有任何管理約束，僅僅是供貨關係。

第五種，合作加盟。

所有權和經營權都歸加盟商，同時，加盟店使用品牌商統一的外觀形象，行銷活動上互相配合，但內部管理與採購各自運行。

掌握關鍵

加盟模式

品牌商是強龍，但是強龍很難把每一根觸角深入到每一個大小地方，所以強龍要和地頭蛇合作，最好鎖在一起。怎麼鎖？強龍手上有兩把鎖，分別是所有權和經營權。所有權、經營權都是自己的，叫作「直營」；所有權、經營權分享給別人，叫作「加盟」。把所有權分享給加盟商，可以用利益激發他們的積極性；把經營權分享給加盟商，可以用自主權激發他們的靈活性。

延伸思考

職場or生活中，可聯想到的類似例子？

啟動亮點
直營模式雖然犧牲了「快速擴張」，卻保住了「優質服務」。

10

直營模式——

順豐的擴張模式為何與眾不同

二〇一二年，中國知名快遞公司圓通在福州的多個加盟商宣布停工，導致每天有二萬～三萬件快遞無法送達。圓通決定，出資一兩百萬，把福州市鼓樓區、晉安區、台江區等站點收回，變成直營模式，但遭到了加盟商的強烈反對。圓通一時間左右為難。

所有權、經營權歸自己是直營，所有權、經營權分享給別人是加盟。把所有權分享給別人，可以用利益激發加盟商的積極性；把經營權分享給別人，可以用自主權激發加盟商的靈活性。但是，加盟模式會帶來兩個明顯的壞處。

第一，加盟店的所有權不屬於品牌商，會導致「利益多元化」。品牌商看重長期效益，更希望耕耘客戶滿意度；加盟商看重短期效益，更希望快速收割品牌溢價。

第二，加盟店的經營權不屬於品牌商，會導致「管理鬆散化」。品牌商無法直接管理經營水準差的經理、服務水準差的員工，會導致客戶滿意度下降。

加盟模式讓快遞行業得以快速擴張，但也帶來了非常多的問題，比如，貨物丟失、粗暴分揀、毒快遞*、貨件延時嚴重、強制用戶先簽收後驗貨、客戶個人資訊洩密、加盟商捲款跑路等等。遇到問題後，品牌商對加盟商的警告、懲罰如隔靴搔癢，無法根治問題。那應該怎麼辦呢？

終端服務品質極為重要，甚至直接影響品牌商生死的行業，可以選擇加盟模式的另一面——直營模式，在「快速擴張」和「優質服務」之間選擇後者。

在「三通一達」（圓通、中通、申通、韻達）普遍選擇了加盟模式的大背景下，順豐毅然決然地選擇了直營模式。使用直營模式給順豐帶來了巨大的直接管理壓力，但頂住壓力前行，也給順豐帶來了非常好的口碑。不少人在寄一般物品時，會選擇便宜的快遞公司；但在寄重要物品時，首選卻是貴但可靠的順豐。

直營模式真的能提高用戶滿意度嗎？

二〇一三年至二〇一五年，消費者投訴率超過百分之三十的，全是加盟模式的快遞企業；而直營模式的快遞企業，申訴率都沒有超過百分之五。這說明，直營模式雖然犧牲了「快速擴張」，但確實保住了「優質服務」。所以，目前位列世界五百強的快遞公司無一不是直營模式。

如果你也想用直營模式來擴張，需要注意什麼呢？直營模式需要一管到底，所以對品牌商的管理能力要求更高。如果選擇直營模式，需要懂得使用「前中後臺」的三級管理制度，保證用戶的完美體驗。

＊指包裹的外包裝塑料袋或是紙盒，因為使用回收廢料製作而可能殘留有害物質。或指包裹內容物為有毒物質，但快遞公司因無法具體拆檢包裹，導致收件者中毒的事件。

第一級，前臺。這一級是分店或門市，直接面對消費者。需要引入店長責任制、店鋪營運標準、店鋪考核和激勵機制等管理制度，確保店員的營運符合規範，又能積極主動滿足用戶需要。

第二級，中臺。這一級是區域性管理。需要引入職業經理人制度，制訂年度運營計畫，建立面對門市的輔導和支持體系，及時改進和調整。

第三級，後臺。這一級是品牌連鎖總部。總部負責建模式、建機制、建流程和制定政策。在執行層面，負責抓培訓、樹標桿、強管控和做考核。

掌握關鍵

直營模式

直營模式是加盟模式的另一面。直營雖然會有龐大的直接管理壓力，不過可以確保終端的服務品質。直營模式需要一管到底，所以對品牌商的管理能力要求更高。品牌商選擇直營模式，必須懂得使用三級管理制度，以保證用戶能夠獲得完美體驗。

延伸思考

職場or生活中，可聯想到的類似例子？

11

直管模式——海瀾之家是如何做大做強的

啟動亮點

有沒有一種模式，可以讓品牌商既保留經營權，又出讓所有權？

「加盟模式」是我有一個祕方，租給你開店，你當老闆和掌櫃；「直營模式」是我有一個祕方，我自己開店，當老闆和掌櫃。老闆負責投資，擁有這家店的「所有權」；掌櫃負責管理，擁有這家店的「經營權」。

可問題是，你當老闆和掌櫃，雖然快速擴張了，卻帶來了傷害用戶的問題；而我當老闆和掌櫃，服務確實更優質了，但帶來了發展緩慢的問題。怎麼辦？

進行連鎖擴張時，品牌商既要控制經營權保護客戶，規避分散管理的風險，提高服務品質；也需要出讓所有權換取投資，擺脫自有資金的束縛，獲得快速擴張。

那麼，有沒有一種模式，讓品牌商既保留經營權又出讓所有權呢？就是品牌商自己做好「掌櫃集團」，然後去全國各地招募「甩手老闆」*。

答案是有的，這就是「直管模式」。直管，顧名思義就是直接管理，它的本質就是「掌櫃集團」。這個神奇的「掌櫃集團」到底是怎麼營運的？我舉個例子。

二〇一八年二月，騰訊斥資近二十五億元入股著名男裝品牌海瀾之家，獲其百分之五．三一的股權。很多人看到這條消息時很震驚，因為在僅僅六個月前，海瀾之家和阿里巴巴達成了戰略合作，對線下五千多家門市進行「阿里派新零售」的智慧升級。

這個二〇〇二年底才成立的男裝品牌，為何能迅速擴張到五千家門

*「甩手老闆」是一種託管模式。加盟商什麼都不用管，由品牌商替你經營。

市的規模，成為阿里巴巴和騰訊爭奪的對象？這就不得不說海瀾之家的直管模式了。

首先，海瀾之家建立了一個「掌櫃集團」，所有加盟店由這個「掌櫃集團」直接管理，不允許加盟商插手。這個掌櫃集團有統一的形象、統一的管理、統一的採購、統一的配送、統一的裝修、統一的結算和統一的價格。這個統一管理的「掌櫃集團」，極大增加了海瀾之家整體的品牌力和單店的盈利能力。

那麼，掌櫃集團在招募甩手老闆時有什麼要求呢？只有兩點：帶著店，帶著錢。好位置的店面是用錢都換不來的資源。海瀾之家對店面的要求是「黃金地段，鑽石店鋪」。在有二百～一千平方公尺好地段店面的前提下，只要大約兩百萬元的資金，就可以「應聘」成為海瀾之家的甩手老闆。

掌櫃集團的「產品＋管理」，保證了給客戶的優質服務；甩手老闆的「店鋪＋資金」，推動了品牌的快速擴張。這種「掌櫃集團招募甩手老闆」的「海瀾模式」，幫助海瀾之家高速發展。二〇一四年四月，海瀾之家上市，市值已經超過五百億元。

除了服裝業，直管模式還能用在別的行業嗎？當然能。

比如日用品行業，名創優品就用直管模式開出了一千一百家門市。名創優品負責門市的經營管理，加盟商只要帶著「店鋪＋資金」就能做甩手老闆。名創優品每天晚上把一定比率的營業額作為投資收益，付給加盟商。每天晚上都能數錢，這對加盟商來說是巨大的激勵。但對名創優品來說，必須依靠「掌櫃集團」強大的管理能力才能做到。

掌握關鍵

直管模式

顧名思義就是直接管理。由品牌商提供產品和管理，然後在全國各地招募只管提供店鋪和資金的加盟商。在直管模式之下，所有的加盟店都由品牌商直接管理，不允許加盟商插手。也就是說，門市的所有權歸加盟商所有，門市的經營權歸品牌商所有。

延伸思考

職場 or 生活中，可聯想到的類似例子？

12

群眾募資模式——如何招募既能投資又能消費的老闆

啟動亮點

透過群眾募資，不僅募集了資本，更獲得了忠實的消費者和宣傳者。

這個世界上沒有完美的管理方法，直管模式也有問題：品牌商只用到了加盟商的錢，卻沒有用到加盟商的人脈、資源、智慧甚至消費能力，而這些東西可能比錢更寶貴。那有沒有一種模式能用到錢以外的東西呢？有的，這種模式就是「群眾募資」。

民宿酒店是典型的既需要「老闆」大量投資，又需要「掌櫃」精細管理的項目。它可以用「直管模式」在全國進行擴張嗎？理論上是可行的。但是，和海瀾之家不同，一家連鎖民宿酒店的成功，不僅僅需要老闆的資本，還需要老闆能動用人脈，多介紹朋友來消費。

既要投資又要消費，看上去對老闆的要求貪得無厭。但是老闆平常就需要度假，為什麼不住在自己投資的民宿酒店呢？那麼，這種「既投資又消費的老闆」，能否招募上幾十個甚至上百個呢？

二〇一六年三月，著名的民宿品牌花間堂在京東私募股權融資平臺「東家消費板」上，發起了「花間堂香格里拉店」的群眾募資。掌櫃集團宣布，正式招募既出錢又消費的老闆。具體方案如下：

一、每位投資人出資兩萬元。

二、投資成功後，兩個月內，花間堂返還投資人一萬元消費金；之後七年，每年繼續返還二千元消費金；總計返還二・四萬元（一萬元＋二〇〇〇元／年×七年）消費金。

三、花間堂香格里拉項目年營業額達到三百六十五萬元以上時，投資人可以分得年化報酬率＊（annualized rate of return）約為百分之六現金收益。

四、投資七年期滿後，花間堂總部回購這兩萬元本金。

五、所有投資人，都自動成為花間堂高級會員，享受折扣和福利。

這個群眾募資方案看上去很誘人，「本金歸還」等於不花錢就能白住民宿酒店，還有投資收益。我們來具體分析一下這個群眾募資方案：

一、投資的兩萬元，七年後拿回來，其本質是七年期的債券，而不是股權。

二、那債券的投資回報如何呢？年收入達到三百六十五萬元以上後，預計年平均報酬率達百分之六。

三、如何才能達到三百六十五萬元的年收入呢？有足夠多的老闆支持。分期獲得的二．四萬元消費金本質上是折扣券，招募的老闆除了作為債券的投資人，也是消費的顧客。

所以，這個誘人的群眾募資方案，本質是在招募「既投資又消費的老闆」。

＊年化報酬率不等於平均報酬率，並非將累積報酬率除以年數即可，還要把投資的複利計算進去。

那這次群眾募資的實際效果如何呢？它在京東平臺上線後，迅速獲得四千多名投資人的參與，並迅速達到了兩百人的群眾募資上限。花間堂通過這次群眾募資，不僅募集了四百萬元資本，更重要的是獲得了兩百位忠實的消費者和宣傳者。

不過，無論是直管模式還是群眾募資模式，都是建立在強大管理能力的前提下的，沒有「金剛鑽」*就強行用直管模式募集集中的資本，或者用群眾募資模式募集分散的資本，很有可能只是加速、放大失敗，甚至帶來法律風險。

同為二〇一六年上線的小龍蝦群眾募資項目「卷福和他的好朋友們」，群眾募資了八家門市，已經關門了七家，甚至引起了不少糾紛。資本並不能讓不懂經營的人學會經營，資本只能幫助懂得經營的人擴張成功。

*出自諺語「沒有金剛鑽，不攬瓷器活」。金剛鑽是指鑽頭；沒有金剛鑽這項工具，就無法修復瓷器、鑽孔鍋合。這句話衍伸的意思是，沒有真材實料的技能，就別去承擔能力所不及的工作。

掌握關鍵

群眾募資

這是個人或小型企業透過網路平臺向大眾募集資金的一種集資方式。群眾募資模式的本質，基本上是在招募「既投資又消費的老闆」；募資者不但可以募集到資金，還能動用到加盟者的人脈、資源、智慧甚至消費能力，而這些無形的東西可能比金錢更加寶貴。

延伸思考

職場or生活中，可聯想到的類似例子？

第5章

護城河理論

01 **無形資產**－企業護城河的三支水軍

02 **轉換成本**－忠誠度來自背叛成本太高

03 **成本優勢**－愈便宜反而愈賺錢

04 **網路效應**－用戶愈多，價值愈大

啟動亮點

從長期來看，在「完全競爭」行業裡，任何企業的利潤都會為零。

01

無形資產——

企業護城河的三支水軍

我的一位學員是做教育機構的，依靠先發優勢在新市場中獲得了不錯的利潤，但競爭對手紛紛進場，利潤被很快攤薄，怎麼辦？

這個問題背後，隱藏了產業經濟學中一個極其重要的課題——護城河。

什麼叫護城河？

小王在海灘工作，發現很多人冒著曝晒來游泳，就想賣冰鎮飲料給他們。於是，他買了冰箱，批發了可樂，生意果然非常好。可是，好景不長，小李、小趙、小張都買了冰箱，批發了可樂來賣。「冰鎮可樂」行業開始擁擠了。所有人的利潤因為競爭而不斷降低，直到最後無利可圖。

老王也在海灘工作，發現很多人頂著大太陽來喝冰可樂。可是，冰可樂放在滾燙的沙子上很快就變熱了。於是，他設計了一款一頭插在沙子裡，一頭可以放可樂的杯托，不讓可樂接觸沙子。他先為這款杯托申請了專利，然後才去沙灘上賣可樂。生意非常好，老王賺了不少錢。

小李、小趙、小張也打算做可樂杯托，可是，因為這個杯托受專利保護，他們都收到了律師函，最後不得不退出市場。老王在專利保護下，每年收入不菲。

專利就是老王可樂杯托的護城河，這讓其他競爭對手不能想進就進；而小王的「冰鎮可樂」完全沒有護城河，任何人想進就能進，是一個完全競爭行業。

經濟學中有個概念叫「零利潤定理」，意思是從長期來看，在完全競爭行業裡任何企業的利潤都會爲零。所以，雖然小王有先發優勢，但因為這個市場是完全競爭市場，不賺錢幾乎是必然的結局。

回到開篇的案例，我的學員也是進入了一個完全競爭市場，雖然有先發優勢，但優勢一定會逐漸消失，最後變成零利潤。

那怎麼辦呢？華倫．巴菲特（Warren Buffett）說過，**想要獲得超額利潤，必須為自己的公司挖護城河。**一個公司可以挖哪些護城河呢？有四項：無形資產、轉換成本、成本優勢、網路效應。

本篇先介紹第一項——無形資產。無形資產有三種：專利、品牌和法定許可。

第一種，專利。

老王就是通過專利的方式，挖了自己的護城河。利用專利挖護城河的典型是醫藥行業，比如輝瑞製藥、雲南白藥；還有通信行業，比如美國高通公司（Qualcomm）。很多人都不知道，每賣出一款安卓手機，生產商都要向微軟交幾美元，因為安卓系統中用了大量微軟的專利。

第二種，品牌。

品牌的關鍵不是知名度，而是是否占領了消費者的心智，並因此擁有訂價權。比如蒂芙尼的珠寶定價高，但人們總覺得人生大事必須買它，蒂芙尼因此擁有了訂價權。擁有訂價權的品牌還有茅台、蘋果、東阿阿膠等。建立這道護城河，需要付出大量的時間，不斷向品牌容器中充值。

第三種，法定許可。

為什麼過去父母總想把子女送到銀行工作？因為錢多事少離家近。為什麼這個世界上會有錢多事少離家近的工作？因為行業享受了超額利潤。為什麼銀行業能享受超額利潤？因為這個行業有法定進入許可。獲得法定許可進了圍城的人，非常令人羨慕。類似的行業有澳門的賭場、本土的電信業和各國的石油業。

要記住，先發優勢不是護城河，它只是爭取到了挖護城河的時間。

掌握關鍵

無形資產

在完全競爭市場中，即便具有先發優勢，優勢一定會逐漸消失，最後變成零利潤。想獲得超額利潤，就必須為你的企業挖好護城河，包括：無形資產、轉換成本、成本優勢、網路效應。

延伸思考

職場or生活中，可聯想到的類似例子？

02

轉換成本——忠誠度來自背叛成本太高

啟動亮點

客戶的忠誠度是企業的護城河。

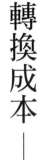

W做了個本地生活的O2O（online-to-offline或offline-to-online，即線上線下融合）平臺，用戶可以在手機上找到特色餐廳和優惠折扣。可是，很快就出現了競爭對手。用戶到餐廳後，哪個平臺有優惠，用戶就用哪個平臺買單，一點兒忠誠度都沒有。怎麼辦？

有時候，顧客對產品和服務並不十分滿意，卻一邊抱怨一邊堅持用；有時候，顧客號稱非常喜歡某個產品，卻說走就走、頭也不回，這是為什麼？因為顧客沒有忠誠度。什麼是忠誠度？忠誠度其實還有一個「學名」，叫「轉換成本」。

我是百度雲的用戶，它可以把電腦上的資料自動同步到雲端，讓我能跨設備行動辦公。因為用得順手，我還付費成了超級會員。後來，騰訊出了款「騰訊雲」，也很不錯，價格甚至更優惠，但我完全不為所動。

為什麼？是因為我對百度忠誠嗎？不是，因為我在百度雲上有八百G的存儲內容。如果把這八百G內容從百度雲搬家到騰訊雲，轉換成本實在太高了。

在網路產品界，有個著名的公式：

用戶更換產品的動力＝（新產品價值－原產品價值）－轉換成本

用通俗的話說，「新產品價值－原產品價值」就是「受到的誘惑」，「轉換成本」就是「背叛的代價」。用戶之所以會說走就走，頭也不回，就是因爲受到的誘惑大於背叛的代價。

那麼，有什麼方法可以提高用戶「背叛的代價」即「轉換成本」，從而提高他們的忠誠度呢？可以著重提高三種轉換成本：程序性轉換成本、財務性轉換成本以及關係性轉換成本。

第一種，程序性轉換成本。

指用戶要更換品牌和產品必須付出的時間和精力。

為什麼用 iPhone 的人很難換成安卓手機，用安卓手機的人很難換成 iPhone ？因為用戶一旦熟悉了一套系統的操作習慣後，遷移到另一個系統上會非常不適應。用戶使用新系統是有學習成本的，學習成本就是一種程序性轉換成本。

微軟的 Office 軟體每出一個新版本，金山公司就會立刻從操作界面上進行像素級的跟進，推出新版本的 WPS 軟體；iPhone 做了一個「瀏海式」的全螢幕，市場上立刻出現了幾十款類似的全螢幕，這些都是為了降低用戶的學習成本。

第二種，財務性轉換成本。

航空公司、酒店集團的積分、會員身分，就是顧客的財務性轉換成本。用戶想走？想想那些即將過期的積分吧。

對蘋果公司來說，用戶在應用商店購買過的 App，就是他們的財務性轉換成本。用戶想走？他真的打算在安卓手機上把所有的軟體都重買一遍？

第三種，關係性轉換成本。

旅行社應該建立客人之間的強關係，一個人和某一群人一起旅行習慣了，換一個旅行社時的「依依不捨」，就是他的關係性轉換成本。

業務應該常常和大客戶一起吃飯、打球、度假。如果客戶打算換供應商，他會產生一種「情感背叛」的感覺，這種感覺就是他的關係性轉換成本。

客戶的忠誠度是企業的護城河。而客戶忠誠就是要讓「轉換成本」高於「誘惑籌碼」。把「忠誠」這個情感問題量化，是一個理性商業人士需要慢慢接受的思維方式。

掌握關鍵

轉換成本

用戶對你的產品讚不絕口，但競爭對手一推出新產品，用戶卻說走就走？這是因為用戶受到的誘惑大於背叛的代價。怎麼解決？提高用戶背叛的代價——即用戶的「轉換成本」，使轉換成本高於誘惑籌碼，藉此把人留住。可以提高的轉換成本有三種：一、程序性轉換成本；二、財務性轉換成本；三、關係性轉換成本。

延伸思考

職場or生活中，可聯想到的類似例子？

03

啟動亮點

便宜，從來都不意味著不賺錢。

成本優勢——愈便宜反而愈賺錢

Ｚ引進了一種機器，可以把優格做成冰淇淋，健康新穎又美味。雖然機器價格較貴，投入的成本高，但顧客盈門，生意興隆。某天，有位朋友提醒他，很多店都打算引進優格冰淇淋機。於是，Ｚ很想給自己挖一條護城河，阻止其他店家的競爭，可是該怎麼挖？

挖無形資產護城河嗎？做不到，別人也能買到優格冰淇淋機。那挖轉換成本護城河嗎？也不行，顧客的選擇是自由的。那怎麼辦？他可以挖一條叫「成本優勢」的護城河。

什麼叫成本優勢？就是某人的成本低，賣得便宜還能有錢賺。可競爭對手也降價的話，就會虧損，因為其成本更高。這樣一來，競爭對手賣貴了沒有顧客，賣便宜了不賺錢。

成本優勢，是商業競爭中最重要的護城河之一。這道護城河，有四種挖法。

第一種，規模優勢。

商品的成本通常包括固定成本和變動成本。對於固定成本占比很大的行業，可以用規模優勢挖出護城河。

比如Z的優格冰淇淋店，固定成本就是機器和店鋪裝修費，假設是一百萬元；變動成本是每杯冰淇淋的原材料費用，假設是兩元。優格冰淇淋的定價是十二元。Z做到多大規模才能收回固定成本呢？一百萬元÷（十二元減二元）／杯＝十萬杯。

因為整條街只有Z的店賣這種冰淇淋，他用半年時間就賣出了十萬杯，收回了固定成本。

這時，如果街上開了十家優格冰淇淋店呢？收回投資的期限就延長了十倍，由半年變為五年。五年屬於尚可接受的範圍，潛在的競爭對手還是會進入。但Z的利潤會大大降低，怎麼辦？

在潛在競爭對手還沒進場前立刻降價，從十二元降到七元。這樣一來，潛在的十家對手因為毛利減半，投資回收期限會從五年提高到十年。要承擔十年的虧損才能賺錢，大部分人都會選擇放棄。

於是，Z會成為整條街的先行者，對優格冰淇淋的銷售進行壟斷。潛在對手不管多眼紅，也不敢貿然進入。Z用最早進入市場而獲得的銷售規模，挖出了一條只有自己才能賺錢的護城河。

規模優勢護城河在商業世界中無處不見。為什麼物流公司競爭者很少，但餐廳競爭者那麼多？因為物流業要投入大量固定成本，早期投入者通過精明的訂價策略，挖了一條非常寬的護城河；而餐廳固定成本很低，幾乎沒有護城河，後進者可以蜂擁而至。

第二種，流程優勢。

在PC（個人電腦）時代，戴爾（Dell）公司能把電腦賣得很便宜，是因為它優化了流程，直接把產品銷售給用戶。小米公司通過大量採購生產電腦時富餘的電池尾貨，改變了充電寶的生產流程。名創優品通過「短路經濟」——品牌商直接供貨給零售店，改善了供應鏈流程。這些都是通過流程優勢獲得的成本優勢。

流程優勢看上去可以複製，但其實很難。因為它建立在強大的管理能力和營運能力上，而這些能力是難以複製的。

第三種，地理優勢。

對於便宜但是很重的商品，通過地理優勢建立的成本優勢護城河，很難被打破。比如，以前幾乎每個省都有自己的啤酒品牌，因為啤酒很重卻很便宜。從一座城市把啤酒運到另一座城市，從成本上來說，很難和當地啤酒競爭。

具有地理優勢的行業還有垃圾運輸業、採石業，這些行業因為價格很低，但貨物非常重，運輸成本非常高，幾乎都是本地企業的天下。

第四種，資源優勢。

中東盛產石油，價格自然低；某地的樹長得特別快，產紙量自然高；某省日照充足，橙子不僅又大又甜，還不貴……這些都是無法複製的資源優勢，而這些優勢，最終都會轉化為成本優勢，成為護城河。

便宜，從來都不意味著不賺錢。如果你有成本優勢，可能愈便宜愈賺錢，因為對手會被紛紛逼出賽場。反過來說，當我們怪對手擾亂價格，讓自己沒法賺錢時，會不會恰恰是因為自己過於低效了呢？

掌握關鍵

成本優勢

某人的成本低，商品賣得便宜還能有錢賺，就是成本優勢。成本優勢是商業競爭中最重要的護城河之一，有四種挖法：一、規模優勢，對於固定成本占比很大的行業，可以用規模優勢挖出護城河；二、流程優勢，流程優勢以強大的管理能力和營運能力為基礎，而這些能力是很難複製的；三、地理優勢，對於便宜但是很重的商品，可以用地理優勢挖出堅固的護城河；四、資源優勢，資源優勢是天然而無法複製的，這些優勢最終都會轉化為成本優勢，成為護城河。

延伸思考

職場 or 生活中，可聯想到的類似例子？

04

啟動亮點

用戶愈多，愈有價值；愈有價值，用戶愈多。

網路效應——

用戶愈多，價值愈大

Y聽說了「護城河理論」後倍感震撼，決定打造一座有護城河的商業城池。可是，他沒有品牌、專利、行政許可等「無形資產」，沒有程序、財務、關係等「轉換成本」，也沒有規模、流程、地理、資源等「成本優勢」。有其他辦法嗎？

商業世界中，真有一種被施了魔法的、極其特殊的護城河。只要拚命挖，挖到足夠的寬度，這條護城河就會自我生長，愈來愈寬，擋住所有強敵。這條護城河，叫「網路效應」。

網路效應，就是某種產品對一名用户的價值，取決於使用這個產品的其他用户的數量。用户愈多，愈有價值；愈有價值，用户愈多。網路效應在網路行業表現得尤其明顯。

比如，某男同學是婚戀交友網站的付費會員，他希望網站上的女同學更多還是更少呢？當然愈多愈好。女同學呢？當然也希望男同學愈多愈好。所以，如果某網站男女會員都非常多，甚至是所有婚戀網站中最多的，一位新用戶會選擇哪個網站入會？多半會選這家。因為他的加入，這個網站的用戶數就更多了，後來的同學就更容易選這家。

所以，如果你打算創業做婚戀交友網站，需要具備的重要條件之一就是拚命挖。只要你比其他對手起得早、挖得快，突破了用戶數量的臨界點，用戶數量就會呈爆發式增長，護城河會寬到讓對手主動放棄。這時我們會說，這個領域「格局已定」。

這種因為網路效應而終將走向贏家通吃的行業，在經濟學上叫「自然壟斷行業」。

回到最開始的問題，Y沒有無形資產、轉換成本和成本優勢，但想挖一條讓競爭對手無法蹚過的護城河，那他可以選擇網路行業。

但是，進入網路行業的創業者，在進門時必須穿上一雙「停不下來的紅舞鞋」*。因為，這場比賽不是比誰先到達終點，而是誰先越過臨界點。最早越過臨界點的人，網路效應會幫他更快直抵終點。

除了網路，還有哪些行業也有這條自我增長的護城河呢？

金融業具有典型的「跨邊網路效應」*。比如，證券交易所中的上市的公司愈多，投資股票的人就愈多；反之，投資股票的人愈多，願意上市的公司也就愈多。具有跨邊網路效應的還有信用卡業，商戶愈多，用戶愈多；用戶愈多，商戶愈多。

電信業具有典型的「單邊網路效應」*。比如，前期加入中國移動的用戶愈多，後續加入的用戶就愈多。多到一定程度，很多人會退出聯通或者電信。各國在管理電信壟斷時，基本都要求各公司的用戶之間必須可以互打電話、互發簡訊，這個絕對壟斷的局面才沒有形成。

單邊網路效應在行動網路社交時代的作用尤其明顯。微信現在已經有十億的月活用戶了，而阿里巴巴的「來往」、小米公司的「米聊」就少得太多了，這也是因為網路效應。但是，如果各國政府像管理電信行業一樣，要求微信、來往、米聊上的用戶可以互打電話、互發訊息，刺破網路效應，新的競爭格局可能就很難預測了。

*出自《安徒生童話》。

*cross-side network effect，指市場一邊的用戶在市場中獲取的價值，取決於另一邊的用戶的數量。經濟學上稱為需求與供給。

*same-side network effect，指某一端的用戶增加時，將會提高同一端其他用戶的效益。

掌握關鍵

網路效應

只要你比其他對手起得早，挖得快，使網路效應這條護城河愈來愈寬，擋住所有強敵，直到突破用戶數量的臨界點，那麼用戶數量就會呈現爆發式增長，護城河會寬到讓對手主動放棄。

延伸思考

職場 or 生活中，可聯想到的類似例子？

3
PART
戰略

第6章

戰略用藥指南

01　**爆品vs組合**－對症下藥，選擇最合適的產品戰略

02　**先發vs後發**－企業面對新趨勢該怎麼辦

03　**藍海vs競爭**－規避競爭也能開拓新市場

04　**顛覆vs延續**－創新可以很簡單

01

啟動亮點

每一種用戶需求都值得被滿足。

爆品VS組合——

對症下藥，選擇最合適的產品戰略

L開了一家「占卜咖啡」店。顧客點完咖啡，可以在杯套上寫一個問題，比如「她會愛我嗎？」、「今天應該和老闆提加薪嗎？」……等到咖啡做好，打開來看，上面印著答案，比如，「先做好自己的事情」、「問問你最好的朋友」、「你字醜人胖，我拒絕回答」等等。

這家店一下子紅了起來，門口每天都排起長隊。後來，愈來愈多的顧客問：「我不喝咖啡，你們有沒有占卜茶、占卜果汁或者占卜礦泉水呢？」「沒有，」L說，「我要堅持『專注、極致、口碑、快』，堅持爆品戰略。」顧客們失望而歸。隨著占卜咖啡的新奇感漸漸淡去，到店的顧客愈來愈少。L很著急，不知怎麼辦才好。

L的問題在於，他對正在流行的戰略過於執迷，不懂得具體問題具體分析。

我們都知道，「醫」和「藥」是兩個行業。人生病了要吃藥，但每種藥都有它的適用病情、建議吃法，以及需要警惕的副作用。病情嚴重時，病人不會去藥房買藥，而是去醫院看病。醫生會針對具體病情，看情況開藥。

那爆品戰略是「醫」還是「藥」？平臺戰略和定位戰略呢？它們都是藥，有些甚至是處方藥。「是藥三分毒」，藥既能治病救人，也能殺人於無形。

回到開篇的案例，L使用的爆品戰略屬於產品類戰略，而在產品生命週期的不同階段，最有效的產品類戰略可能並不相同。

第一階段，成長期——爆品戰略。

在成長期，用最快速度提升銷量，獲得領先的市場占有率，是長遠發展的堅實基礎。此時，做出深深戳中基本痛點但犧牲差異化的單品，也就是爆品戰略，更為重要。

日本的「玉子屋」是一家專門做便當外賣的公司。這家公司的與眾不同之處在於，每天只提供一款便當。單一菜單能極大降低管理複雜度和採購成本，減少原物料浪費。規模效應帶來了低成本，加之玉子屋把利潤率嚴格控制在百分之五以內，因此一盒便當只賣二十三元人民幣。

除了價格優勢，玉子屋還在每天回收飯盒時，認真記錄剩菜情況並反饋給總部，不斷優化菜品搭配。

玉子屋的單一菜單解決了用戶「中午吃什麼」的終極難題，平均每天賣出十三萬份，年收入達六億元人民幣。這就是爆品戰略的威力。

第二階段，成熟期——組合戰略。

但是，爆品戰略可以貫穿產品的整個生命週期嗎？

小米公司在成長期用「專注、極致、口碑、快」這七字訣，全力以赴做好一款手機，獲得了巨大成功，成為爆品戰略的經典案例。然而，如今小米公司的官網上的產品類型遠不止一種——充電寶、手環、行李箱、電鍋、插座、電池、毛巾甚至床墊，數不勝數。

為什麼？因為到了產品生命週期的成熟期，單品的爆發式成長會遇到瓶頸。因此，用更豐富的產品滿足用戶在成長期被犧牲掉的差異化需求，是成熟期最主要的產品策略。這就是組合策略。

第三階段，衰退期——收縮戰略。

寶僑公司因使用組合戰略而知名。從廣度上看，寶僑公司有洗髮精、肥皂、尿片、刮鬍刀、清潔劑等產品；從深度上看，僅洗髮精就有飛柔、海倫仙度絲、可麗柔、沙宣、潘婷等品牌。但在二〇一四年，寶僑決定砍掉旗下百分之五十的品牌，收縮戰線，降低成本，提升利潤。

一九九七年，賈伯斯回歸蘋果公司，他說過一句著名的話：「只做一張桌子放得下的產品。」當時的蘋果公司已經處於破產邊緣，賈伯斯這句話本質上就是收縮戰略。

回到開篇的案例，L可以怎麼做？他的單一產品占卜咖啡已經獲得了穩定的基礎用戶，從成長期走到了成熟期。也許，這時候他應該從爆品戰略走向組合戰略，為用戶提供更多選擇，比如茶、礦泉水、果汁等，就像星巴克一樣。每一種用戶需求都值得被滿足。

掌握關鍵

爆品vs組合

產品生命週期的不同階段，各有它的有效產品戰略。在第一階段「成長期」，適合爆品戰略；第二階段「成熟期」，適合組合戰略；第三階段「衰退期」，適合收縮戰略。

延伸思考

職場or生活中，可聯想到的類似例子？

02

啟動亮點

明明搶到了先發優勢，為什麼做足了準備卻還是白忙一場？

先發VS後發——

企業面對新趨勢該怎麼辦

二〇一三年，W意識到，智慧手錶的浪潮正撲面而來。他賣掉房子和車，離職創業，用最快的速度做了一款電子墨水螢幕智慧手錶，搶占先發優勢。可是，只有少量用戶感興趣。

隨後，蘋果公司發布了第一代彩色螢幕智慧手錶iWatch。結果，用戶的熱情瞬間被點燃，而W的手錶卻被完全拋棄，所有投資灰飛煙滅。

W痛不欲生，他明明搶到了先發優勢，為什麼還是「起了個大早，趕了個晚集」呢？面對新趨勢，企業該怎麼辦？

戰略是藥，所有的戰略都有它的適用場景、用法用量，甚至副作用。

那W搶占的先發優勢，它的適用場景是什麼呢？

先發優勢指的是「第一個行動，因此獲得的競爭優勢」。這個詞源自棋類遊戲。五子棋遊戲已經被證明，先手必勝。象棋類遊戲，通過AI（artificial intelligence，人工智慧）對弈統計，先手勝率百分之三十五，後手勝率百分之二十五。所以，先發確實有優勢。

但商業並不都是下棋，先發並不都有優勢。比如，「智豬博弈」就是典型的後發優勢。

什麼叫智豬博弈？在一個豬圈裡，一頭是踏板，另一頭是食槽；踏板被踩下之後，另一頭就會掉下食物。豬圈裡有一隻大豬和一隻小豬，不管誰跑過去踩下踏板，再跑回來吃食物，都要消耗不少能量，還會被守在食槽邊的另一隻豬占便宜先吃。這種情況下，小豬要不要去踩踏板呢？

智豬博弈的結論是：不要。

小豬的最佳策略是靜靜守在食槽旁裝死，等著大豬去踩踏板，然後趁著大豬踩下踏板、還沒跑回來的時候，趕快多吃幾口。為什麼？因為如果小豬去踩踏板，在牠跑回來前，大豬基本已經把食物吃光了。

智豬博弈，就是上天賦予小豬的「後發優勢」。

回到開篇的案例，智慧手錶市場的「踏板」，就是引導用戶「你真的需要智慧手錶」。W從二〇一三年就試圖打動用戶，但收效甚微；而到了二〇一四年，蘋果公司一開口，用戶就瘋狂了。這就是「大豬」和「小豬」的區別。

和W相比，小米公司就聰明得多。

小米公司早期也想做智慧手錶，但他們沒做。因為在那時，要告訴用戶智慧手錶有什麼價值，是一件非常困難的事。

而這件事換蘋果公司來做就輕鬆得多。蘋果公司一旦做起來，供應鏈就會被理順，配套產品和上下游關係都會成熟起來。於是，小米公司就像雁陣裡的大雁一樣，跟著蘋果公司，借力前行。結果，因為利用了後發優勢，小米公司反而後發先至，智慧手環的銷量成為全球第一。

由此可見，先發、後發都具有優勢。那麼，什麼時候應該搶占先發優勢？

第一，贏家通吃的市場，搶占先發優勢。因為網路效應的存在，每個垂直細分領域的網路市場，幾乎都會走向贏家通吃的局面。比如團購領域的美團網、出行領域的攜程網、網約車領域的滴滴出行、共享單車領域的摩拜單車等等。

第二，規模效應的市場，搶占先發優勢。做得愈大成本愈低，成本愈低就愈能占據優勢市場，因此，儘早積累成本優勢至關重要。

第三，資源稀缺的市場，搶占先發優勢。商場裡的好位置有限，城市裡的核心地段僅有幾處，長白山也只有幾個天然泉眼，一旦被拿走就沒有了，這些都是稀缺的資源。

那什麼時候要固守後發優勢呢？

第一，技術方向不明確，固守後發優勢。當技術方向過多，試錯成本高昂時，大公司可以讓小公司的子彈先飛一會兒，等到大方向明晰之後，再用品牌和實力碾壓小公司。

第二，需要引導市場時，固守後發優勢。讓「大豬」去引導市場，「小豬」要學會搭便車。介入市場的時機，是「小豬」要研究的核心問題。

第三，落後跟隨的企業，固守後發優勢。中國企業曾總體落後於發達國家，但這也賦予了我們後發優勢，讓中國企業有機會在美國、歐洲、日本找到標竿企業，少走彎路。比如，石油業以埃克森美孚（Exxon Mobil）公司為標竿，軟體業以微軟為標竿，汽車業以通用汽車公司（General Motors）為標竿等等。

掌握關鍵

先發 vs 後發

先發、後發都有優勢。何時搶占先發優勢，何時固守後發優勢，各有其適用的場景。須搶占先發優勢的場景：一、贏家通吃的市場；二、規模效應的市場；三、資源缺稀的市場。須固守後發優勢的場景：一、技術方向不明確；二、需要引導市場的時候；三、落後跟隨的企業。

延伸思考

職場 or 生活中，可聯想到的類似例子？

啟動亮點

在早已充分競爭的紅海中，競爭戰略也許不再是最有效的戰略。

03

藍海VS競爭——

規避競爭也能開拓新市場

Y是一個做蜂蜜生意的商人，他最近比較苦惱，因為市場上的蜂蜜價格愈來愈便宜，利潤愈來愈透明，相似性競爭也愈來愈激烈，甚至有很多人弄虛作假、以次充好。怎麼辦？直接面對最慘烈的競爭？可是，每個方向都有無數對手，每走一步，都血流成河。整個蜂蜜市場一片紅海，所有競爭對手都擠在鐵達尼號上，一起下沉。

這個問題的本質是，在早已充分競爭的紅海中，競爭戰略也許不再是最有效的戰略。翻一翻「戰略用藥指南」，Y也許應該考慮「藍海戰略」。

什麼是藍海戰略？

藍海戰略認爲，以競爭爲目的的戰略是在存量市場*求生存，必將陷入血戰。企業應該把眼光從對手身上挪開，放在用户身上，通過滿足新需求開創新市場。尚未被競爭「染紅」的新市場，就叫藍海。

舉個例子，傳統馬戲用小丑和動物表演把兒童逗樂，但隨著電影、電視和網路遊戲的普及，傳統馬戲業萎靡不振，陷入一片紅海。怎麼辦？

加拿大的太陽馬戲團（Cirque du Soleil）決定逃離紅海。他們增加了馬戲表演中的戲劇情節，把目標用戶重新定位為成年人和商界人士，並想盡一切辦法帶給他們前所未有的震撼體驗。

給成年人和商界人士表演馬戲，這是一片從未有人踏足的藍海。結果，太陽馬戲團大獲成功，短短二十年，其收入就達到了馬戲業霸主玲玲馬戲團（Ringling Bros. and Barnum & Bailey Circus）發展一百多年的水準。

這就是藍海戰略。其本質是規避競爭，創造新需求，兼顧差異化和低成本，開拓一片全新的市場。

回到開篇的案例，Y應該如何運用藍海戰略？中國知名企業家孟醒（網名「雕爺」）總結了「加減乘除」四個方法。

第一個，加法——增加有價值的元素。

用戶吃蜂蜜時，經常有特別不方便的體驗。比如，用小勺舀蜂蜜，蜂蜜很容易滴在桌子上，還不能用紙擦，愈擦愈麻煩；瓶蓋經常被蜂蜜黏住，很難打開；舀完一勺蜂蜜後，勺子上還有殘存的蜂蜜……

黏稠的蜂蜜非常不方便食用，怎麼辦？有專家在不添加任何物質的情況下，通過控制水分和低溫誘導，可以把黏稠的蜂蜜結晶為固態。這個創新就拓展了蜂蜜的使用場景，使商家看見一片藍海。

第二個，減法——減少低價值元素。

用戶食用固態蜂蜜，就不是用勺子舀了，而是用勺子挖，但還是不夠方便。

＊存量市場係指已經飽和的市場；增量市場係指還有上升空間的銷售市場。

這時不妨嘗試減小單塊固體蜂蜜的體積，把它從一大塊變成方糖那樣的小塊。這樣一來，用戶喝牛奶時只需要決定加幾塊蜂蜜，和食用方糖一樣方便。

第三個，乘法——創造新價值元素。

可是，一塊一塊的固體蜂蜜很容易黏在一起，怎麼辦？

可以效仿大白兔奶糖*的做法：用一層薄薄的、可以吃的糯米紙包住奶糖，防止奶糖和糖紙黏在一起。

第四個，除法——剔除無價值元素。

一旦用糯米紙把蜂蜜方糖包住，厚重的大玻璃瓶就可以被剔除了。商家可以採用紙盒包裝，方便用戶把產品放在餐桌上、茶水間或辦公桌上；甚至可以專門調配、生產特殊配方和口味的「咖啡方糖蜜」——這個說法聽上去很有意思，蜂蜜的營養大於方糖，商家可能因此開拓出一片屬於自己的藍海。

商家面對用戶，而不是競爭對手，挖掘未被滿足的新需求，就有可能逃離競爭的紅海，開拓屬於自己的藍海。但這並不意味著藍海戰略優於競爭戰略——海的顏色是會變的，一旦有人率先進入藍海並獲得成功，大批對手將尾隨而至，這時就需要用競爭戰略抵禦進攻，避免大海的顏色快速變紅。藍海戰略和競爭戰略都是極其優秀的戰略，只是適用於不同的場景。因地制宜，才會產生戰略優勢。

*牛奶糖品牌。

掌握關鍵

藍海 vs 競爭

商家能夠挖掘出用戶未被滿足的新需求，就有可能逃離競爭的紅海，開拓屬於自己的藍海。不過，海的顏色是會變的，藍海戰略和競爭戰略都極為優秀，只是適用的場景不同。懂得因地制宜，才會產生戰略優勢。

延伸思考

職場 or 生活中，可聯想到的類似例子？

啟動亮點

很多人一心想創新顛覆，卻只是為了顛覆而顛覆。

04 顛覆VS延續——創新可以很簡單

Y是一家電器公司的老闆，他讀了克雷頓．克里斯汀生（Clayton M. Christensen）的「顛覆式創新」理論後，想像力異常發揮，一心想做一款顛覆式的電鍋。怎麼顛覆？用太陽能？可廚房怎麼獲得太陽能呢？做個隨身電鍋？在辦公室吃自己現煮的米飯？那為什麼不點個外賣呢？Y找不到顛覆點，非常苦惱。

這個問題的本質是，很多人為顛覆而顛覆。

最近幾年，「顛覆式創新」席捲全球。但顛覆式創新的起點，是破壞性的技術。比如，柯達面臨的數位相機，諾基亞面臨的智慧手機。而電鍋的破壞性技術是什麼？是太陽能嗎？是行動網路嗎？

戰略是藥，是藥三分毒。顛覆式創新也不是「大力丸」。如果找不到破壞性技術，Y不如先從「延續性創新」做起。

具體怎麼做？

舉個例子，假設你每天傍晚六點下班，想一回到家就能吃上剛煮好的、熱氣騰騰的米飯，怎麼辦？可以定時。那定幾點鐘呢？

大部分人會這樣想：我希望米飯在六點半煮好，煮飯大約需要四十五分鐘，那就定時，從五點四十五分開始煮飯吧。仔細想想，這個過程其實非常反人性——用戶只關心幾點開始吃飯，為什麼要讓用戶反推從幾點開始煮飯？所以，一個好的電鍋，沒有任何理由讓用戶設定幾點開始煮飯。商家只要重新設計一款電鍋，改為設定幾點煮好飯，這就是了不起的延續性創新。

與之類似的延續性創新，其實數不勝數。比如，蘋果公司的第一代手機是顛覆式創新，而其後的iPhone 3、iPhone 4、iPhone 5……都是延續性創新。

顛覆式創新是突發的，延續性創新是常態的。

那麼，如何實現延續性創新？這裡有三個建議。

第一個，建立允許犯錯的文化。

創新從來都不是一個褒義詞，而是一個中性詞。因為創新不一定會帶來好結果，創新也經常會失敗。如果不允許犯錯，只把必然成功的創新叫作創新，那員工就不會真正地創新。

第二個，掌握系統創新思維。

創新並不是靠主觀意見，而是有系統方法論的。商家可以用「減法」，去掉洗滌劑裡的有效成分，做成衣物芳香劑；也可以用「除法」，除去冰箱的冷櫃，把它放在廚房抽屜裡，變成分體式冰箱；還可以用「乘法」，把空氣清新劑的濃度加倍，變為提神清心劑等等。

第三個，與其更好，不如不同。

做得更好是創新，做得更便宜也是創新。但是，做得更好更便宜會愈來愈難，做得不同才是取之不盡、用之不竭的創新之源。

比如，一杯咖啡、一勺鮮奶、一塊方糖，再加一塊餅乾，是很多人的下午茶。怎麼才能做得更好？咖啡更好喝？餅乾更好吃？也許可以換個思路，用餅幹做杯子，在其內壁塗滿糖奶，然後倒上咖啡，非常別緻。用戶可以喝一口咖啡、咬一口杯子，等到咖啡喝完了，杯子也吃完了。

這就是「與其更好，不如不同」。

掌握關鍵

顛覆vs延續

顛覆式創新的起點，在於破壞性的技術；如果找不到破壞性技術，不如先從「延續性創新」做起。如何實現延續性創新？一、允許犯錯；二、掌握系統創新思維；三、與其做得更好，不如與眾不同。

延伸思考

職場or生活中，可聯想到的類似例子？

第7章

戰略工具

01 **商業模式圖**－商業模式就是「怎麼掙錢」嗎？

02 **SWOT分析**－如何用科學的方法追到女神

03 **五力分析**－分析有效競爭戰略

04 **BCG矩陣**－如何管理複雜業務

05 **GE矩陣**－狹路相逢怎麼玩

06 **常態分布和冪次分布**－你的行業屬於哪種類型

07 **PEST模型**－仰視微觀之前，先俯視宏觀

啟動亮點

用四個視角、九個構成要素來設計和表述商業模式。

01

商業模式圖——

商業模式就是「怎麼掙錢」嗎？

有一個人某天突然被靈感砸中腦袋，產生了一個創業想法：做一個人臉識別系統，幫助服裝店用智慧攝影鏡頭識別顧客，自動匹配顧客在社交帳戶裡的文字、照片、影片等，識別顧客的性格、愛好、已婚未婚、消費能力等，店員可以有針對性地推薦銷售，提高成交率。他立刻做了個模型，叫「熟悉的陌生人」，然後到處找投資人。投資人聽他講了四十五分鐘之後，點了點頭，冷靜地問：「你的商業模式是什麼？」這幾乎是每個投資人都會問的問題，卻讓他很無語：「剛才我講的，難道

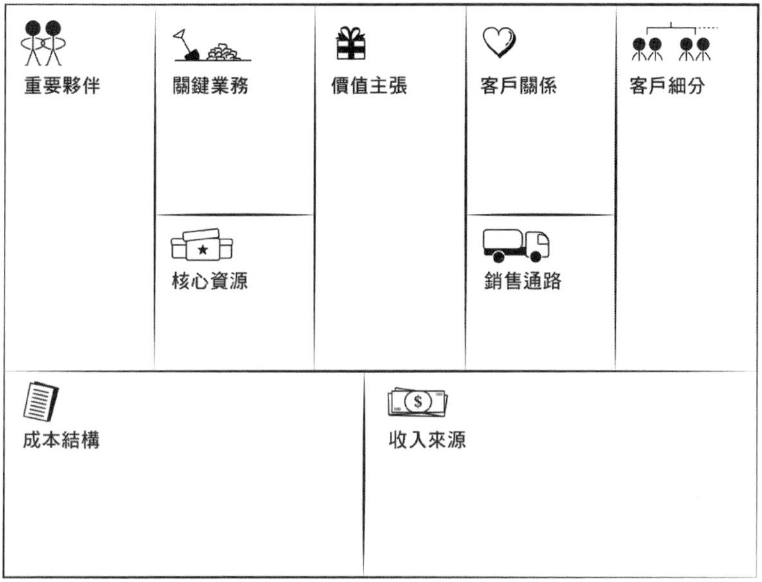

不是商業模式嗎？」

商業模式和戰略一樣，是一個被廣泛使用但沒有官方定義的概念。很多人問商業模式，其實就是問怎麼掙錢。但《獲利世代》的作者亞歷山大・奧斯瓦爾德（Alexander Osterwalder）認為，一個完整的商業模式，應該包括四個視角、九個構成要素。他提出了著名的「商業模式圖」。

下面我們試著用商業模式圖來回答一下這位投資人的問題。

「關於『熟悉的陌生人』這個計畫的商業模式，我們是從四個視角——為誰提供、提供什麼、如何提供以及如何賺錢來考慮的。我將基於這四個視角，從九個方面詳細回答您的問題。」

第一個，客戶細分。

零售作為一個通路，其效率等於「流量×轉化率×客單價」。門市銷售人員從顧客進門開始，就為轉化率和客單價而戰。但是這些都嚴重依賴於對客戶的深度瞭解。我們打算服務於所有為此而痛苦的門市。

第二個，價值主張。

「熟悉的陌生人」計畫所提供的價值，是通過門市智慧攝影鏡頭的人臉識別，匹配每個到店客人的社交帳戶，把即便是第一次到店的客人也變成「熟悉的陌生人」，讓店員有針對性地推薦商品，提高轉化率、客單價，提升業績。

第三個，管道通路。

我們的合夥人在服裝業深耕了二十多年，瞭解加盟、開店、營運的各種明規則、暗文化。我們會先通過幾家小店走通閉環*，然後集中火力攻占一家大型連鎖服裝店，再以此為樣本，與加盟商合作，在全國推廣我們的系統。

第四個，客戶關係。

我們將通過代理通路，和門市建立商務關係；通過雲端系統，和門市建立營運關係。隨著「熟悉的陌生人」在系統內的購買量愈來愈大，我們對顧客的分析和推薦將更加精準。我們和門市之間會形成彼此增益的關係。

第五個，收入來源。

- 初裝費：也就是人臉識別設備的費用和安裝費用。人臉識別設備的收入歸公司，安裝費用用來維護通路。
- 使用費：門市可以按成功識別次數，單獨支付使用費。
- 會員費：門市可以購買年度會員，享受全網社交匹配能力；還可

* closed-loop，或譯封閉迴路、迴圈。

以購買年度金牌會員，享有系統不斷積累的獨家消費數據，進一步提升業績。

第六個，核心資源。

我在人工智慧尤其是人臉識別領域已有十年的研究積累，發表了多篇論文。技術實力是「熟悉的陌生人」計畫的巨大支撐。

第七個，關鍵業務。

我們要做三個核心的業務：一、建立全網社交數據庫，利用大數據和人工智慧，做性格、偏好、消費能力等特徵分析；二、提高識別的速度和正確率，實現正確率達百分之九十五的秒級響應；三、在全國鋪設代理、加盟的通路體系。

第八個，重要夥伴。

我們的第三合夥人專門負責戰略合作。我們正在建立和社交平臺、硬體供應商、行業協會等的合作關係。

第九個，成本結構。

我們最重要的成本是人員成本。這也是我們需要融資的原因。這筆錢將用來：一、擴大團隊，加快技術疊代；二、拓展全國性加盟網路；三、做案例行銷，獲得關注。

「『為誰提供、提供什麼、如何提供以及如何賺錢』就是我們的商業模式。希望能得到您的投資，我們一起創造新的藍海。」

這就是商業模式圖，即用四個視角、九個構成要素來設計和表述商業模式。

掌握關鍵

商業模式圖

一個完整的商業模式，應該包括四個視角、九個構成要素。哪四個視角？一、為誰提供；二、提供什麼；三、如何提供；四、如何賺錢。哪九個要素？一、客戶細分；二、價值主張；三、管道通路；四、客戶關係；五、收入來源；六、核心資源；七、關鍵業務；八、重要夥伴、九、成本結構。

延伸思考

職場or生活中，可聯想到的類似例子？

啟動亮點

SWOT分析能針對較弱的地方彌補不足，也能針對優勢的地方加強火力。

02 SWOT分析——如何用科學的方法追到女神

一名求職者參加一家大公司的面試，一路過關斬將，終於見到了老闆。老闆問了他很多問題，他也對答如流。最後老闆闔上簡歷，望著他的眼睛問：「你覺得能力和機遇哪個更重要？」

如果回答能力更重要，老闆會不會說他沒遠見，不是常說「選擇比努力更重要」嗎？如果回答機遇更重要，老闆會不會說他不踏實，因為「機遇總是留給有準備的人」。

「到底哪個更重要」這個問題先放下不表，我們來看一個貌似無關

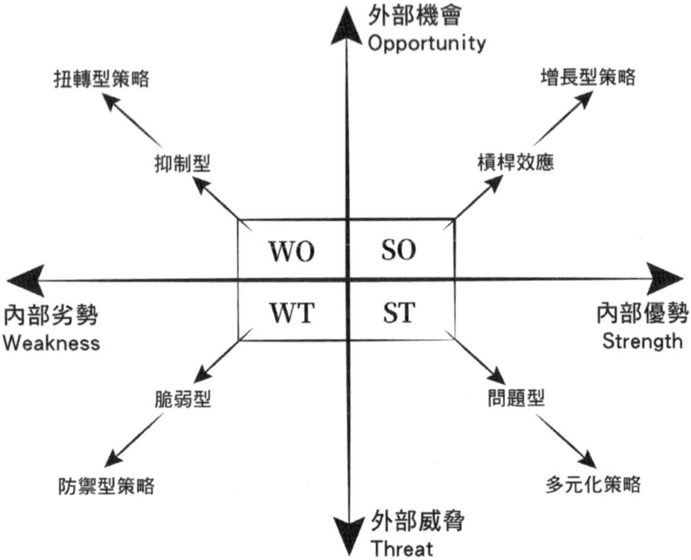

的工具：SWOT分析。

SWOT分析是二十世紀八〇年代初由美國舊金山大學管理學教授海因茨．韋里克（Heinz Weihrich）提出的。S、W、O、T四個字母，分別代表strength（優勢）、weakness（劣勢）、opportunity（機會）和threat（威脅）。

假設一個人追求學校的校花，怎樣才能追到手？先對他做一下SWOT分析：優勢——學習好，智商高；劣勢——長得太醜；機會——學校即將辦一場聯誼舞會，校花也會參加；威脅——不幸的是，全校最帥的男生也會去。

很多人知道SWOT分析，但並不是每個人都懂得SWOT分析的正確用法。SWOT分析的關鍵是：列好S、W、O、T後，把四個字母兩兩組合，產生四大策略。

第一個，SO：優勢＋機會。

優勢和機會匹配嗎？也就是說，「學習好，智商高」這個優勢，能在「聯誼舞會」上展現嗎？舞會主辦方會允許追求者上台晒成績單，或者證明貝氏定理（Bayes' theorem）嗎？

如果可以，「優勢＋機會」的槓桿效應，會利用內部優勢撬動外部機會，讓追求者閃閃發光。追求者應該立刻報名，準備表演，獲得女神青睞。這種策略叫作增長型戰略。

第二個，WO：劣勢＋機會。

但是，聯誼舞會上，沒顏值是上不了臺的。也就是說，外部的機會與內部的優勢不匹配。甚至外部機會需要的能力，恰恰是追求者的劣勢。

「劣勢＋機會」的「抑制性」，會壓制追求者的優勢，放大追求者的劣勢。那怎麼辦呢？採取扭轉型戰略，改變劣勢，迎合難得的機會。比如，立刻帶著李敏鎬、孔劉和玄彬的照片去韓國整容，然後回來報名，申請獨唱〈別讓我走遠〉。

第三個，ST：優勢＋威脅。

追求者的優勢是「學習好，智商高」，威脅是「全校最帥的男生也會參加舞會」。怎麼辦？

「優勢＋威脅」將會體現出「脆弱性」。在「顏值就是估值」的舞會上，追求者的智商優勢得不到充分發揮，出現「優勢不優」的問題場面。必須採取多元化戰略克服威脅，發揮優勢。

高智商的追求者靈機一動，找到活動指導老師說：「老師，為了鼓勵大家學習，我覺得今年的聯誼舞會可以創新一下。我們理工院校，女同學稀缺，可以憑學生證入場；男同學過剩，必須憑期末成績入場。這樣可以激勵同學們考出好成績。」

第四個，WT：劣勢＋威脅。

運用多元化戰略，追求者攔掉了一大批高顏值、低智商的競爭對手。現在能進舞會的，都是智商不差，顏值也未必低的對手，這才是真正嚴峻的挑戰。

「劣勢＋威脅」代表追求者遇到了最困難的「問題性」局面。怎麼辦？採用防禦型戰略，成立一個「誰說美女學不好數學」的社群，在舞會上招募會員，創造更多的接觸機會，避免和帥哥在舞會上正面對抗。

這就是SWOT分析和四大戰略。

回到老闆問求職者「能力和機遇哪個更重要」的問題上，能力就是strength，機遇就是opportunity。求職者可以對老闆說：「當能力撐不起野心時，所有的路都是彎路。能力匹配機遇最重要。」然後頓一頓說：「我給您講一個我在大學時，如何匹配能力和機遇，用SWOT分析追到校花的故事吧……」

掌握關鍵

SWOT 分析

SWOT分析的關鍵，是列好S、W、O、T之後，把四個字母兩兩組合，產生四大策略：一、SO：優勢＋機會，這種策略叫作增長型戰略；二、WO：劣勢＋機會，這是扭轉型戰略；三、ST：優勢＋威脅，這是多元化戰略；四、WT：劣勢＋威脅，這是防禦型戰略。

延伸思考

職場or生活中，可聯想到的類似例子？

啟動亮點

就算只是一家小型餐廳，也可以從五力分析得出有效的競爭戰略，從而獲得優勢。

03

五力分析——

分析有效競爭戰略

某辦公大樓地下一樓有家小龍蝦店，主推蒜香口味，生意不錯，但總擔心被競爭對手超越——轉角的另一家小龍蝦店擅長麻辣口味，對面還有家火鍋店經常搶客人。此外，一樓的便利商店算不算競爭對手呢？泡麵和自帶的愛心午餐算不算替代品呢？到底應該怎麼分析競爭戰略？

這時候就需要工具了。

一九七九年，年僅三十二歲的麥可．波特（Michael E. Porter）提出，每家企業都受直接競爭對手、顧客、供應商、潛在新進公司和替代性產品

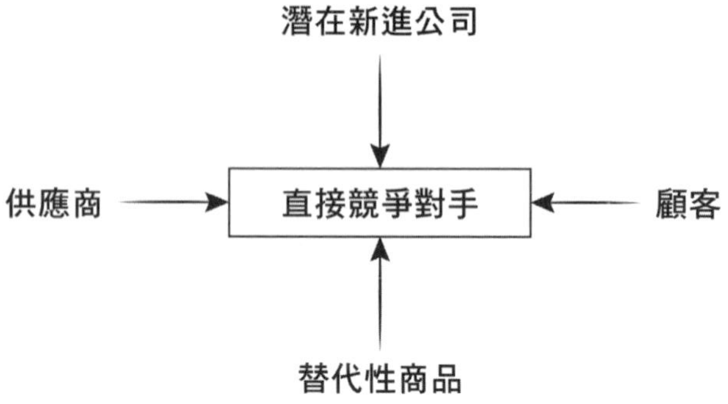

五個競爭作用力的影響。波特自己可能都沒想到，「五力分析」會成為全球知名度最高的戰略分析工具之一，奠定了他一生的大師地位。接下來，我們就用五力分析來分析一下這家小龍蝦店。

第一個，直接競爭對手。

轉角那家小龍蝦店、對面的火鍋店，以及整個地下一樓的餐飲店，都是小龍蝦店的直接競爭對手，因為它們爭奪的都是電梯門「叮」的一聲打開後，走出來的那些饑腸轆轆的人們。

做個簡單的分析，每天從電梯裡走出來的人，平分到每一家店，能不能養活小龍蝦店？如果不能，要警醒：小龍蝦店處於一個充分競爭，甚至過分競爭的市場。

這時，可以考慮三個策略：一、組成「地下一樓餐飲聯盟」，給辦公大樓施加壓力，迫使對方引流；二、提供更優異、更便宜或者差異化的餐飲，升級競爭優勢；三、研究退出成本，比如裝修費用、保證金等，準備撤出。

第二個，顧客。

顧客作為重要的競爭作用力，主要體現在其談判力量上。

大公司的行政部一般會找幾家餐廳談判，要求出示員工卡可獲得折扣。如果某家公司員工人數占大樓總人數的比例可觀，他們作為顧客，就有巨大的談判力量。小龍蝦店在對方的合作列表裡，賺錢會少；不在對方的合作列表裡，賺錢會更少。

小龍蝦店可以聯合幾家差異化明顯的餐廳，成立「地下一樓餐飲聯盟」，增加餐廳的談判力量，還可以發行「聯盟折扣儲值卡」，增加顧客遷移成本。

第三個，供應商。

如果小龍蝦是從江蘇盱眙最大的供應商處採購的，該供應商同時服務幾百家客戶，那小龍蝦店基本就沒有什麼談判力量。這也是為什麼App開發公司在蘋果公司面前都是弱勢群體。

小龍蝦店可以考慮換一家小供應商，小到小龍蝦店的生意對它足夠重要。不做大公司的小客戶，也不向賣大閘蟹的人買小龍蝦。對前者來說，小客戶不重要；對後者來說，小龍蝦的生意不重要。

第四個，潛在新進公司。

這座辦公大樓一樓到四樓的商場經營慘淡，關掉了不少服裝店，有百分之五十的面積改做餐飲。這時小龍蝦店就面臨潛在新進公司的競爭作用力了。

要想辦法提高潛在新進公司的進入門檻，也就是抬高「地下一樓餐飲聯盟」的壁壘。比如，聯合其他餐廳一起策略性地降價，讓後入者無利可圖；儘快發行儲值卡、優惠券，鎖定未來兩三年的收入，讓潛在進入者知難而退。

第五個，替代性產品。

如果不吃小龍蝦，顧客還能吃什麼？對「地下一樓餐飲聯盟」來說，替代性產品就是讓顧客不再到地下一樓來吃飯的產品。

最典型的替代性產品是外賣。那些小巷子裡的低成本餐廳，搶走了小龍蝦店的大批客戶；便利商店裡的餐盒和快餐，以及減肥奶昔、蔬果汁、斷食課程等，在白領中流行起來，午餐的整體市場規模都在減小。正如數位相機作為替代性產品，搞垮了幾乎整個底片業。

怎麼辦？儘快推出小龍蝦蓋飯、小龍蝦生煎包、小龍蝦麵……然後和各種外賣平臺合作。或者推出「比蛋白質粉更好的健身伴侶」套餐，與辦公大樓裡的健身房或者健身教練合作，讓那些不敢吃糖、不敢吃飯、不敢吃肥肉的健身達人在大汗淋漓之後，勇敢地吃小龍蝦。

用五力分析來進行系統性分析，就算僅僅是一家小龍蝦餐廳，都可以得出很多有效的競爭戰略，從而獲得優勢。

掌握關鍵

五力分析

這個企業競爭力評估模組，可以幫助企業進行自我檢視，保持競爭力。五力架構包括：一、直接競爭對手，即現存競爭者的競爭強度；二、顧客，即購買者的議價能力；三、供應商，即供應商的議價能力；四、潛在新進公司，即新進入者的威脅；五、替代性產品，即替代者的威脅。

延伸思考

職場 or 生活中，可聯想到的類似例子？

04

啟動亮點

用BCG矩陣分解業務，不僅能看清業務和現金流的關係，更能主動分析業務組合，思考策略問題，尋求最佳的發展姿態。

BCG矩陣——如何管理複雜業務

某公司的客戶愈來愈多，業務線愈來愈複雜，老闆開始擔心公司逐漸迷失在收入、利潤、應收帳款、常規更新等日常事務中，從而失去對未來的把握，於是聘請了一家諮詢公司幫助梳理業務戰略。諮詢顧問瞭解完該公司的業務後說：「貴公司的現金牛業務正在逐漸變成瘦狗業務，應儘快採取收割策略；問題業務的儲備太少，明星業務的數量匱乏，增長乏力，大概不會發展為下一個現金牛，也將變為瘦狗；要對這兩個產品啟動發展戰略，對另外四個產品啟動放棄戰略。」老闆聽得一頭霧水。

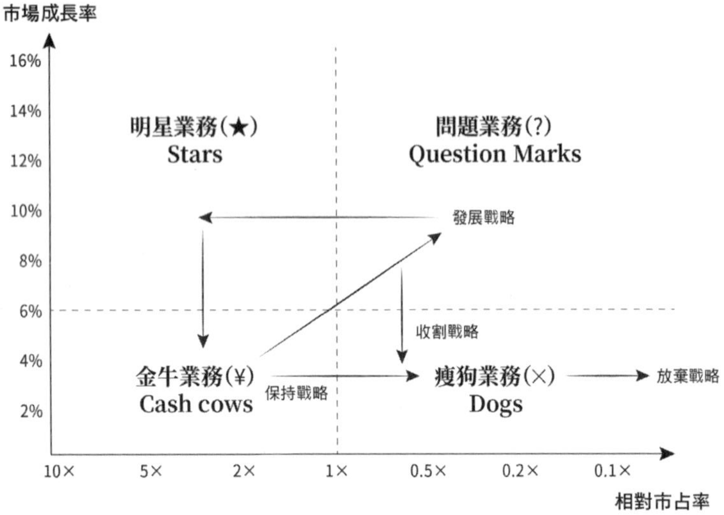

諮詢顧問用的是諮詢業的行業術語，他這樣做多半是為了通過降維打擊*，彰顯自己的專業性。其實，這些術語並不複雜。

BCG矩陣的發明者、波士頓諮詢公司的創始人布魯斯．亨德森（Bruce Henderson）認為：公司若要取得成功，必須擁有市場成長率和相對市占率各不相同的產品組合。於是他用這兩個維度，畫了一個二維四象限矩陣圖，並給這個矩陣中的四象限各起了形象的名字：現金牛、明星、問題和瘦狗。

第一，現金牛業務。

現金牛業務也被戲稱為「印鈔

機」，它通常占有相對很高的市占率，因此市場成長率較低，比如微軟的Windows（微軟操作系統）和Office，谷歌的搜尋業務。

第二，明星業務。

明星業務通常是很有前景的新興業務，在快速增長的市場中，占有相對較高的市占率。比如，賣書起家的亞馬遜，進入高速發展的雲端運算業務，並占據行業領先地位。雖然剛開始不賺錢，甚至需要大量資金投入，但未來可能會帶來巨額利潤。明星業務一旦成為現金牛業務，公司就會進入一個爆發期。

第三，問題業務。

問題業務是一些市占率相對還不高，但市場成長率提高很快的業務。比如谷歌的人工智慧、機器人、無人駕駛等業務。之所以叫問題業務，是因為它們最終是變成明星業務、現金牛業務，還是死掉，是不確定的。

＊出自科幻小說《三體》，原意指3D空間的物體一旦進入2D空間，物體分子將不能保持原來的穩定狀態，極有可能解體並且毀滅。後衍伸為商業世界中，水準和思維不在同一層次的商業競爭。

第四，瘦狗業務。

瘦狗業務是市占率相對很低，成長機會有限，「食之無味，棄之可惜」的業務。比如，微軟的智慧手機、騰訊的微博、百度的電商。

回到開篇的案例。諮詢顧問提出的建議可以總結為以下四項：

第一項，發展戰略。將現金牛業務的收益投入到問題業務中，以提高問題業務的市占率，使問題業務儘快成為明星業務。

第二項，保持戰略。不輕易投資新方向，好好「養牛」，保持市占率，讓現金牛業務產生更多收益。

第三項，收割戰略。對已經出現強大的替代產品的現金牛業務，比如柯達的底片相機，以及發展前景不佳的問題業務和瘦狗業務，要盡可能快速地收割短期利益，然後準備放棄。

第四項，放棄戰略。對於無利可圖的瘦狗業務，果斷清理、撤銷、出售，把資源用在其他有前景的業務上。

每家全球知名的諮詢公司都有自己的看家本領和「黑話」，比如麥肯錫公司的金字塔原理、波特的五力分析、屈特（Jack Trout）的定位理論、亨德森的 BCG 矩陣等。學會用 BCG 矩陣的術語和諮詢顧問對答如流還不夠，更重要的是，可以自己分析業務組合，思考戰略問題。

掌握關鍵

BCG矩陣

波士頓諮詢公司的創立者布魯斯以相對市占率為橫軸、市場成長率為縱軸，畫了一個四象限法矩陣圖，把公司的業務組合分為金牛業務、明星業務、問題業務和瘦狗業務。這樣切分業務，不僅能看清業務和現金流的關係，更能採取發展戰略、保持戰略、收割戰略和放棄戰略，在動態中尋求最佳的業務組合和發展姿態。

延伸思考

職場or生活中，可聯想到的類似例子？

05

啟動亮點

有些免費不完全是「情懷」，而是競爭策略。要從競爭實力和行業吸引力兩個維度分析業務，看懂複雜環境的組合決策。

GE矩陣——狹路相逢怎麼玩

二〇一七年四月，蘋果公司宣布旗下的iWork（辦公室軟體）完全免費。iWork是一套類似微軟Office的軟體。很多人歡欣鼓舞，覺得軟體免費的時代就要到來了。真的是這樣嗎？如果軟體免費時代真的到來了，那蘋果手機應用商店裡的應用程式為什麼不免費呢？

二〇〇九年十二月，谷歌宣布正式發布免費的PC操作系統Chromium OS。Chromium OS是一套類似微軟Windows的軟體。很多人歡欣鼓舞，覺得邊際成本為零的東西就該免費。真的是這樣嗎？如果邊際成本為零

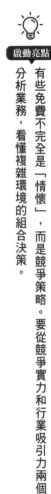

的東西就該免費，那谷歌搜尋的廣告服務，邊際成本也幾乎為零，為什麼不免費呢？

iWork和Chromium OS免費，都不完全是情懷，而是競爭策略。這套叫「搞死你」的競爭策略，源自一個著名的戰略分析工具——GE矩陣。

什麼是GE矩陣？

BCG矩陣是諮詢業最重要的分析工具之一，但被很多人批評「現金牛、明星、問題、瘦狗」四象限過於簡單，「相對市占率、市場成長率」兩個維度過於簡單粗暴。在簡單粗暴的BCG矩陣的基礎上，奇異公司開發了一個新的業務組合分析工具——GE矩陣，並對BCG矩陣做了兩個重大改變：用「競爭實力」代替「相對市占率」作為橫軸；用「行業吸引力」代替「市場成長率」作為縱軸。

競爭實力，是包括相對市占率、市場成長率、買方成長率、產品差別化、生產技術、生產能力、管理水準等指標的綜合指標。

行業吸引力，是包括產業成長率、市場價格、市場規模、獲利能力、市場結構、競爭結構、技術及社會政治因素的綜合指標。

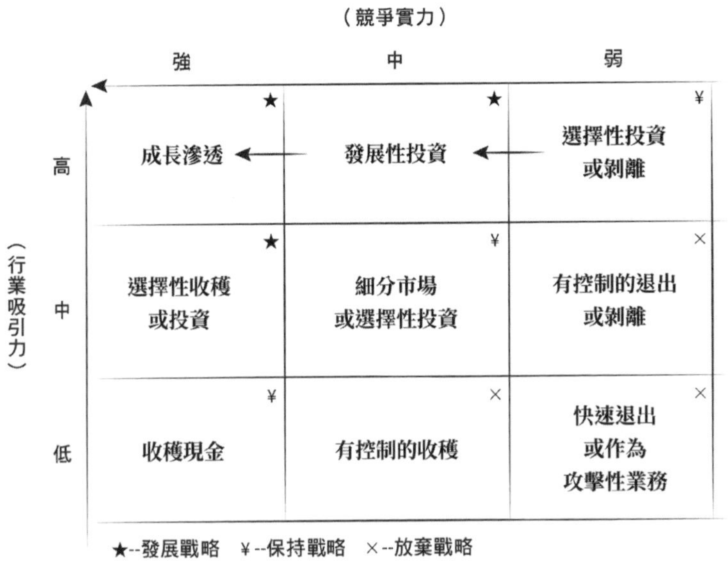

競爭實力分為強中弱；行業吸引力分為高中低。這樣，GE矩陣變成了九宮格。

回到開篇的案例，蘋果公司的iWorks為什麼免費？因為微軟Office軟體的霸主地位已經難以撼動，相對來說，蘋果的iWorks競爭實力比較弱；同時，辦公軟體行業已不再是高速發展行業，其行業吸引力「低」。

競爭實力弱，行業吸引力低，GE矩陣建議：快速退出，或作為攻擊性業務。

「快速退出」的意思是「別幹了」。「作為攻擊性業務」的意思是：微軟最賺錢的是 Office 軟體，因為 iWorks 沒有好的發展前景，於是採取免費策略，使收費的 Office 軟體陷入兩難境地。如果 Office 軟體也免費的話，微軟會失去巨額收入；不免費的話，Office 軟體的用戶會非常不滿。這一招俗稱「搞死你」。

同樣的道理，谷歌提供免費的操作系統，釜底抽薪地攻擊微軟的 Windows 市場。

這一招能不能用呢？當然可以。假如開一家小龍蝦店，對面火鍋店總是搶生意，小龍蝦店可以在門口貼一張告示：在本店吃小龍蝦的顧客，免費贈送火鍋鍋底。

不過，GE 矩陣不僅提出了快速退出或攻擊對手的戰略，在看清業務後，還可以選擇三種對應的業務組合戰略。

第一種，發展戰略。

對於競爭實力和行業吸引力都是中等以上的業務，應該採取發展戰略，以投資、成長、收穫為主。

第二種，保持戰略。

對於競爭實力和行業吸引力有一項明顯很弱、但所幸另一項比較強的業務，應該採取保持戰略，以收穫、細分、剝離為主。

第三種，放棄戰略。

對於競爭實力和行業吸引力都是中等以下的業務，應該採取放棄戰略，以剝離、退出、攻擊為主。

掌握關鍵

GE矩陣

這是和BCG矩陣類似的策略分析工具，但它有兩個重大改變：第一，用「競爭實力」代替「相對市占率」作為橫軸，用「行業吸引力」代替「市場成長率」作為縱軸；第二，把四象限矩陣，拓展為九宮格。用這個九宮格矩陣能分析更加複雜的環境，做出動態的業務組合決策，比如發展策略、保持策略或放棄策略。

延伸思考

職場or生活中，可聯想到的類似例子？

05

啟動亮點

掌握常態分布和冪次分布，有助於理解商業世界的基本業態，並在不同的業態分布中，用不同的商業邏輯順勢而為，尋求成功。

常態分布和冪次分布——

你的行業屬於哪種類型

做個小實驗：在一個兩百人以上的微信群裡，請所有人報一下自己準確的身高；接著以五公分為單位，數一數每個身高段各有多少人；然後以身高為橫軸，以人數為縱軸，畫一張圖。仔細看這張圖，發現了什麼？這張圖一定長得像一座鐘（下頁上圖）。

在不同的微信群做這個實驗，比較一下實驗結果。可能鐘的中間點不同、扁平度不同，但只要人數足夠多，形狀都是一口中間高、兩邊低，甚至左右對稱的鐘。這口鐘就是「常態分布」。常態分布是自然界甚至商業

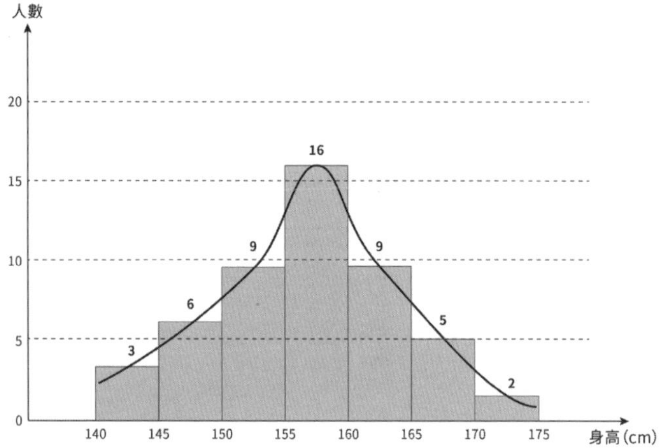

世界富豪榜冪次排行分布

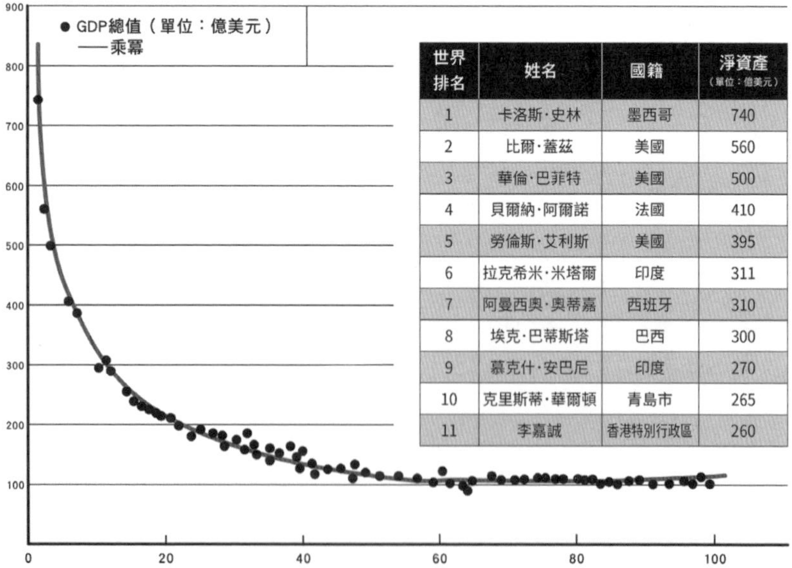

世界排名	姓名	國籍	淨資產（單位：億美元）
1	卡洛斯·史林	墨西哥	740
2	比爾·蓋茲	美國	560
3	華倫·巴菲特	美國	500
4	貝爾納·阿爾諾	法國	410
5	勞倫斯·艾利斯	美國	395
6	拉克希米·米塔爾	印度	311
7	阿曼西奧·奧蒂嘉	西班牙	310
8	埃克·巴蒂斯塔	巴西	300
9	慕克什·安巴尼	印度	270
10	克里斯蒂·華爾頓	青島市	265
11	李嘉誠	香港特別行政區	260

界最常見的一種分布。當影響結果的因素特別多，沒有哪個因素可以完全左右結果時，這個結果通常就呈現常態分布。但並不是所有現象都符合常態分布。還有一種常見的分布，叫作「冪次分布」。

我們再做個小實驗。還是剛才那個兩百人以上的微信群，請所有人報一下自己的資產總額，然後從高到低排序，也畫一張圖。我們可能會發現，有錢人簡直有錢得讓人咋舌，窮人卻窮得讓人無法想像。

這個尖刀似的圖形，就是長尾理論中的「尖頭長尾」。在有些自然或者商業現象中，因為馬太效應（Matthew effect）、網路效應，導致強者愈強，贏家通吃，這時的結果分布就呈現另外一種尖刀形：刀尖的那些有錢人，總體上來說，會愈來愈有錢。

鐘形的常態分布，趨向中間；尖刀形的冪次分布，趨向極端。這兩種分布模式統治了絕大多數商業世界的形態。將手中這兩張圖作為工具，可以看清很多商業現象，並做出正確的戰略決策。

有人說，餐飲業到今天為止，沒有一家公司可以占據全國百分之五以上的市占率；但在網路行業，一家公司可以占據百分之七十的市占率。這說明餐飲行業還有巨大的機會。

真的是這樣嗎？

餐飲業是服務業，它和理髮一樣，邊際交付時間不為零。邊際交付時間，就是給一個人做飯時，不能同時給另一個人做飯。做一頓飯的時間是硬性的。做得再好吃，一天最多做三～五頓，服務不過來的客人只能讓給別人。邊際交付時間愈長的行業，愈是分散市場，符合常態分布：賺大錢的人少，虧大錢的也少，大部分人都趨向賺取平均利潤。

而網路行業的邊際交付時間為零，由於網路效應，用戶愈多，彼此愈容易產生正向激勵，用戶就會更多。領先者一旦過了引爆點，就會贏家通吃，產生壟斷。這個行業註定是頭部市場，符合冪次分布。不管曾經是「百團大戰」還是「千團大戰」*，最後都會趨向集中在少數幾家手中。

還有哪些商業現象符合常態分布呢？

比如產品質量。大部分產品的質量都是普通的，真正的好產品非常少，一無是處的壞產品也不多見。這就是為什麼質量管理領域會有「六標準差管理」（Six Sigma）。

中國前五十座城市GDP總值排行的冪次分布

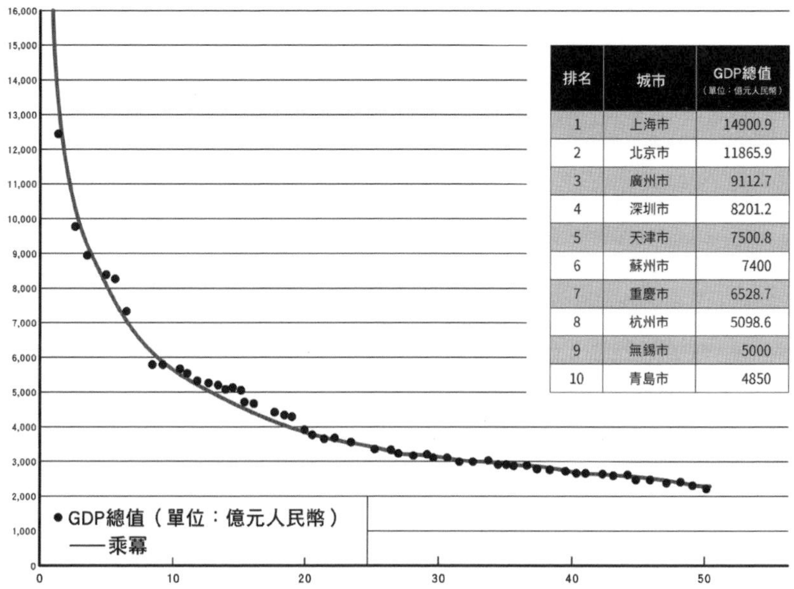

排名	城市	GDP總值（單位：億元人民幣）
1	上海市	14900.9
2	北京市	11865.9
3	廣州市	9112.7
4	深圳市	8201.2
5	天津市	7500.8
6	蘇州市	7400
7	重慶市	6528.7
8	杭州市	5098.6
9	無錫市	5000
10	青島市	4850

比如員工績效。

大部分員工的業績都是一般的，做得特別好的非常少，做得特別差的也不多見。這就是為什麼績效管理領域會有「活力曲線」（Vitality Curve），強制按二－七－一的原則考核業績。

還有哪些商業現象符合冪次分布呢？

＊指因網購盛行而出現的網路購物混戰。

比如ＧＤＰ（國內生產毛額）。一般而言，一座城市的ＧＤＰ愈高，經濟愈發達。因為馬太效應，就會吸引更多人才，ＧＤＰ也會相應更高。

比如大學。愈優秀的大學，愈能吸引好學生；愈好的學生，愈能促進大學更優秀。因為網路效應，好的大學會愈來愈好，差的大學會愈來愈差。

掌握關鍵

常態分布和冪次分布

常態分布，指的是在商業世界中，因為邊際交付時間等因素導致好的少，差的也少，大部分企業趨向中間的一種「鐘形」分布。冪次分布，指的是在商業世界中，因為網路效應等因素導致強者愈強，弱者愈弱，大部分企業走向極端的一種「尖刀形」分布。

延伸思考

職場or生活中，可聯想到的類似例子？

05

啟動亮點

不知宏觀者無以謀微觀，不知未來者無以謀當下。

PEST模型——仰視微觀之前，先俯視宏觀

有一家成熟的代工企業，一直接受國外訂單，做得風生水起。但是最近幾年，公司訂單明顯減少。公司管理階層開會，考慮是否應該從代工轉型為自創品牌，然後直接通過 eBay 等跨境電商平臺，向海外銷售。

這是一個重大的戰略問題。應該怎麼分析這個問題呢？用波特的五力分析研究競爭對手的做法嗎？用 BCG 矩陣看看這塊業務是不是明星業務嗎？用GE矩陣把代工改為攻擊性業務嗎？

這些工具可能都不夠用了，因為它們都是微觀分析工具。身處一個高

速變化的時代，我們在趴下來仰視微觀之前，需要先站起來俯視宏觀。正如招商銀行前行長馬蔚華所說：「不知宏觀者無以謀微觀，不知未來者無以謀當下。」

PEST模型是「俯視宏觀」的戰略分析工具，它的四個字母分別代表俯視宏觀的四個角度：P即political（政治／法律），E即economic（經濟），S即social（社會文化），T即technological（技術）。有人覺得這四個字母不好記，就把它們重新組合為STEP，也就是「腳步」。

回到開篇的案例。我們從四個角度來俯視一下這家企業的宏觀環境。

第一個，政治／法律。

俯視政治或法律的角度包括：環保制度、稅收政策、國際貿易章程與限制、合約法、勞動法、消費者權益保護法、政府組織／態度、競爭規則、政治穩定性、安全規定等。

簡單來說，就是國家想讓你幹什麼。這些制度都體現了國家意志，而國家意志就是政策紅利。那麼，國家意志是什麼呢？認真研究，就會發現中國現在提得最多的就是「一帶一路」倡議。一帶一路，就是要把中國的優勢產能向海外輻射。

分析完P後，這家企業對跨境電商有了信心。

第二個，經濟。

俯視經濟的角度包括：經濟成長、利率與貨幣政策，政府開支、失業政策、稅收、匯率、通貨膨脹率、商業週期的所處階段、消費者信心等。

簡單來說，就是在經濟的海洋中，看到哪裡在潮起，哪裡在潮落。比如，最近幾年GDP下滑，人民幣貶值。所以，出口跨境電商，相對於進口，更能利用人民幣貶值貢獻GDP。

分析完P和E後，這家企業已經有了做出口跨境電商的決心。

第三個，社會文化。

俯視社會文化的角度包括：收入分布與生活水準、社會福利與安全感、人口結構與趨勢、勞動力供需關係、企業家精神、潮流與風尚、消費升級、大健康、新生代生活態度等。

我在《每個人的商學院・商業基礎》裡講到了「人口撫養比」，二十世紀六〇年代到七〇年代的人口紅利逐漸失去，二十世紀九〇年代到二十一世紀初的出生人口急劇減少，必然導致勞動力短缺，人工成本上漲。人工成本是代工行業的生命。怎麼辦呢？必須在產品價格和人工成本之間，加入別的東西來支撐利潤，比如品牌價值。

分析完P、E、S之後，這家企業堅定了自有品牌的出口跨境電商之路。

第四個，技術。

俯視技術的角度包括：新能源、網路、行動網路、大數據、機器人、人工智慧、產業技術、技術採用生命週期等。

什麼技術會對自有品牌的出口跨境電商有影響？是機器人嗎？機器人很重要，它將對沖人工成本上升的問題。但是機器人發展的最終歸宿，是讓製造業不再需要人工。如果製造業真的不需要人工了，那些國際品牌會把工廠建在哪裡呢？是原材料生產國、第三方製造國，還是目的地市場國？

如果製造業減少對人工的依賴，愈來愈多品牌可能不再需要把原材料大費周章地從世界各地運到第三方製造國，用最低廉的人工成本生產，再運到目的地市場國。它們可能會選擇在目的地市場國建立工廠，提高回應客戶需求的速度。

機器人是一個「短期是機會，長期是挑戰」的技術。這家企業給自有品牌的出口跨境電商之路設定了一個時間期限——十年。

經過PEST四步分析，這家企業已經有了一個總體戰略：十年內，從代工廠轉型為自有品牌的出口跨境電商。這條路雖然不容易走，卻是通往未來的道路。

掌握關鍵

PEST 模型

分析企業的策略，僅僅從微觀看外部競爭和內部能力，有時候是不夠的，還要從宏觀來看浩蕩大勢。PEST 模型就是從政治／法律、經濟、社會文化、技術四個角度，在趴下來仰視微觀之前，先站起來俯視宏觀。

延伸思考

職場 or 生活中，可聯想到的類似例子？

第8章

切換模式

01 **切換戰略**－遠見、執行力和勇氣缺一不可

02 **善用對手**－把競爭關係變為競合關係

03 **揮別舊成績**－不要讓過去的成功綁住你

04 **內部孵化**－用組織的方式，解決戰略的問題

05 **模式與趨勢**－商業模式也要「順勢而為」

06 **模式與能力**－根據自身優勢尋找商業模式

07 **模式與運氣**－運氣也能被管理

01

切換戰略──

遠見、執行力和勇氣缺一不可

啟動亮點

企業不轉型等死，轉型了找死。怎麼辦？

科技進步，帶來商業模式創新；商業模式創新，帶來組織結構巨變；組織結構巨變，導致很多企業失血、斷腕，倒在通往成功的路上。這就是所謂的「不轉型等死，轉型找死」。

那怎麼辦？這一章將用四個案例分析如何用組織變革支持戰略創新。首先從「切換戰略」開始。

一九九三年，舊時代結束，新趨勢開啟，昔日巨頭ＩＢＭ連續三年虧損高達一百六十八億美元。在所有人都認為這頭大象即將倒下時，原來賣菸草和餅乾的、完全沒有科技背景的路易斯·葛斯納（Louis Gerstner），出任了IBM的CEO。

很多人都覺得，葛斯納是來替這個藍色巨人辦理後事的。可是，葛斯納僅用了八個月就讓IBM轉虧為盈，業績不斷成長。二〇〇二年葛斯納離開時，IBM股價漲了十二倍，年收入達八百七十億美元，躍升《財星》（*Fortune*）五百強前十名。

那麼，葛斯納到底是如何讓這頭大象重新起舞的呢？我們先看看，他做了哪些事情。

第一，快速止血。

活下來是第一步。上任半年，葛斯納裁員四萬五千人，同時大幅削減成本，出售不賺錢的業務，減少給股東的分紅。這些舉措讓葛斯納背上了「鐵血宰相」的外號。

第二，全身手術。

接著，葛斯納決定對組織動手術。他把董事會的人數從十八個減到十二個，廢除了「管理委員會」，創立了「執行委員會」，把全球一百二十八個CIO（資訊長）減為一個，並取消了大量固定的獎金和津貼，改為嚴格依照績效的浮動獎金。

第三，更換心臟。

然後，葛斯納開始為這個全新的身體裝入全新的心臟。IBM原來的心臟是賣大型機。大型機非常貴，但個人電腦時代的來臨導致其超額利潤不可持續。葛斯納決定，給藍色巨人換一顆叫作「服務」的心臟。

我和前IBM高階主管吳士宏女士曾提起這段往事，她說當時要從賣大型機轉型為賣服務，全球員工都非常排斥。最後，IBM決定，賣服務的業績既算服務部門獎金，也算硬體部門獎金，才算打破了部門利益，艱難前行。

從賣大型機到賣服務，這個做法一定對嗎？站在今天看過去，這顯然是對的。如今IBM的服務收入已經超過總營收的百分之四十。但是，站在一九九三年看未來，我相信連葛斯納自己都沒有把握。但是，猶豫不決比原地不動危害更大。快速止血、全身手術、更換心臟。其實葛斯納在「切換戰略」時展現給我們的，不僅是審時度勢的遠見，更是壯士斷腕的勇氣。

那麼，如何擁有像葛斯納一樣的勇氣呢？

首先，勇氣來自於遠見。

從你眼中看到的未來，到底有多確定？當你深知所有既得利益終將失去，並發自內心相信新的戰略，你就會充滿變革的勇氣。

我們都說歷史沒有「如果」。但是「如果」葛斯納更換錯了心臟，服務不是ＩＢＭ的未來，那麼藍色巨人可能真的如很多人預測的，已經暴斃而亡。

這份遠見和對遠見的堅定信心，是葛斯納勇氣的來源。而很多人鼓不起勇氣，則是因為幻想曾經的好日子永遠不會結束。

其次，勇氣來自於執行力。

沒有一致的方向、共同的價值觀和嚴謹的紀律，在切換戰略的道路上就會不斷有人掉隊，最終潰不成軍。這樣的團隊缺乏執行力，所以無法到達新的目的地。

有了遠見、有了新的心臟，ＩＢＭ就一定能活過來嗎？不一定。如果沒有「快速止血」和「全身手術」這些重建團隊執行力的手段，就算換再好的心臟，ＩＢＭ也多半會在大量的內耗中衰竭而死。

快速止血、全身手術，就是重建執行力，重建整個團隊的勇氣。切換戰略是一件血淋淋的事。見不了血的人，就無法快速止血；心不夠靜的人，就很難進行全身手術。如果沒有強大的戰略執行力，葛斯納的「從大型機到服務」的戰略，就什麼都不是。

掌握關鍵

切換戰略

執行切換戰略，不僅要有審時度勢的遠見，更要有壯士斷腕的勇氣。如何獲得當機立斷、知所取捨的勇氣？一、勇氣來自於遠見；很多人鼓不起勇氣，是因為幻想曾經的好日子永遠不會結束。擁有遠見以及對遠見的堅定信心，是勇氣的來源。二、勇氣來自於執行力；團隊沒有一致的方向、共同的價值觀和嚴謹的紀律，在切換戰略的道路上一定會有人落後隊伍甚至脫隊。這樣的團隊缺乏執行力，所以到不了新的目的地。

延伸思考

職場or生活中，可聯想到的類似例子？

02

善用對手——

把競爭關係變為競合關係

啟動亮點

要有奪回權力的魄力，善用對手的胸懷。

一九九七年，曾經無限輝煌的蘋果公司虧損嚴重，瀕臨倒閉。董事會只好決定，把他們曾親手趕走的賈伯斯，請回蘋果公司，帶領公司轉型。從今天往回看，我們當然知道賈伯斯再造了更偉大的蘋果公司。但在當時，賈伯斯完全不被看好。微軟創始人比爾．蓋茲（Bill Gates）說：蘋果公司董事會居然絕望到要請賈伯斯回來。戴爾公司諷刺說：蘋果公司最應該做的是關門大吉，把錢還給股東。

葛斯納切換模式時，靠的是遠見、勇氣和執行力。那麼賈伯斯呢？

我們從賈伯斯身上，可以學習他的轉型智慧：善用對手。

賈伯斯重掌帥印後，立刻做了三件事情。

第一件，奪回權力。

葛斯納說：「轉型不是一個計畫，今天開始，明天就結束了。中大型企業不要指望在一兩年內完成轉型，轉型至少需要五年。因此，要確保CEO可以長期在位，保證轉型的持續實施。」

賈伯斯一定也非常讚同葛斯納的觀點，因為他回到蘋果公司後做的第一件事，就是解散了董事會。他逼迫除了埃德加．伍拉德（Edgar Woolard）外的董事全部辭職，把自己選入董事會，然後親自挑選了新董事。

奪回權力，讓賈伯斯這樣的強勢領導者得以在飽受質疑時，力排眾議、一路向前。

第二件，擁抱敵人。

奪回權力後，賈伯斯果然做了一個飽受質疑的決定：尋求微軟的投資。當時蘋果公司瀕臨死亡，非常需要錢，但又沒人敢投資這個爛攤子，於是賈伯斯給比爾．蓋茲打了個電話，說：「微軟在侵犯蘋果的專利……如果我們繼續打官司，幾年後可以贏得十億美元專利罰金，這一點你我都很清楚。但如果那樣，蘋果撐不到那個時候。所以讓我們想想如何立即解決這個爭端。我需要的是微軟承諾繼續為Mac（麥金塔個人電腦）開發軟體，並且要對蘋果投資，這樣我們的成功也能讓微軟獲益。」

賈伯斯簡直瘋了，比爾．蓋茲竟然也瘋了——他真的給蘋果公司投了一億五千萬美元，並承諾為蘋果電腦提供Office軟體，以化解各種專利糾紛。因為這一億五千萬美元的投資，微軟真的成了蘋果公司的救命恩人。

第三件，更換心臟。

然後，賈伯斯和葛斯納一樣，開始「更換心臟」。他把蘋果公司的「電腦之心」換成了一顆「消費電子產品之心」。

賈伯斯有了微軟的救命錢，又沒了董事會的礙手礙腳，「更換心臟」的手術非常順利。

二〇〇一年九月，微軟發布了Windows XP操作系統；而幾乎同時，蘋果公司發布了改寫歷史的iPod。隨後，蘋果公司不斷推出劃時代的

iPhone、App Store、iPad，更換愈來愈強的心臟。而微軟則從 Windows Vista 到 Windows 7，再到 Windows 8，一條道走到黑。終於，蘋果公司在二〇一〇年取代了微軟，成為史上最大的科技公司。

奪回權力的魄力，善用對手的胸懷，讓賈伯斯的才華被真正釋放。

如果你也想學習賈伯斯的善用對手，應該注意什麼呢？

第一，從競爭到競合。

BAT（百度、阿里巴巴、騰訊）是合作夥伴，也是競爭對手。從分食大餅的角度看，你和同行是競爭對手；從把餅做大的角度看，你和同行是合作夥伴。

善用對手，首先要有「競合」（既競爭又合作）的心態。

第二，找到共同利益。

合作來自共同的敵人，或者可交換的利益。

善用對手的重要方法，是找到你們共同的敵人。比如，整個電動汽車市場的敵人是燃油車。以提高整個社會對電動汽車的接受度為目標時，大家都是合作夥伴。

第三，堅守核心價值。

所有的合作，都是建立在自己有核心價值的基礎上——我到底擅長什麼？沒有核心價值而去擁抱對手就是與狼共舞，甚至是歸附。

掌握關鍵

善用對手

善用對手，是一種轉型智慧。具體怎麼做？第一，從彼此競爭到彼此既競爭又合作。第二，找到雙方共同的敵人，或者雙方可交換的利益。第三，堅守你的核心價值，沒有核心價值就去擁抱對手，根本是羊入虎口。

延伸思考

職場 or 生活中，可聯想到的類似例子？

啟動亮點

只有揮別舊成績，才能邁向新卓越。

03

揮別舊成績——不要讓過去的成功綁住你

葛斯納的切換模式，賈伯斯的善用對手，讓人既敬佩又畏懼。除此之外，有沒有不那麼「血腥」的轉型方法呢？

從二〇〇〇年到二〇一三年，史蒂夫．鮑爾默（Steve Ballmer）繼比爾．蓋茲之後擔任微軟的第二任CEO。鮑爾默非常有激情，帶領微軟一路狂奔，每年都有百分之十以上的業績增長，簡直就像印鈔機。二〇〇三年，微軟帳面現金甚至高達六百億美元，但股價就是不漲。

股價不漲，代表股民不認可企業的未來。

可是，就在這時候，谷歌崛起了，蘋果公司重新崛起了。但微軟一直在原地踏步，一踏就是十三年。十三年間，整個市場甚至微軟內部員工都對鮑爾默沒了耐心。

二〇一三年三月，鮑爾默到微軟北京的辦公室開會，當時我在現場。一個新加坡的同事走到話筒前問：「請問鮑爾默，你打算什麼時候離開微軟？」二〇一三年八月，鮑爾默宣布：「我決定在接下來十二個月內離開微軟。」第二天，微軟股價大漲百分之八，市值增加了將近兩百億美元。這是什麼概念？微軟當時買諾基亞才花了七十二億美元，而鮑爾默的一封離職郵件，差不多可以買三家諾基亞公司。

鮑爾默是我非常喜歡的一個人。但是，鮑爾默式的、在原有道路上的一路狂奔正式結束了。

二〇一四年二月，微軟宣布了新任CEO人選：薩蒂亞・納德拉（Satya Nadella）。他在就任演講中說：「我將在一個星期內，發表一款新產品」。這款產品就是Office for iPad。

這意味著什麼？

我平時主要用 Word 寫文章、用 Excel 排課表、用 Power Point 來講課、用 Outlook 回郵件；也就是說，我主要用的就是 Office 軟體。對我來說，如果 iPad 上能用 Office，那我只要給 iPad 配個鍵盤，就可以不帶筆記型電腦出門了。

但這同時也意味著，每賣一套 Office for iPad，可能就有一套 Windows 的操作系統賣不出去了。這意味著微軟從戰略上放棄了 Windows 操作系統的唯一核心地位。

那麼，這次微軟的股價會漲還是跌？

第二天，微軟股價暴漲到近十四年來的最高點。這說明所有股民早就盼望著微軟放棄曾經最重要的產品——Windows 操作系統的唯一核心地位了。

接著，納德拉關閉了諾基亞北京研究院，正式向雲端運算轉型。

有一次做演講，納德拉居然當著所有觀眾的面，從口袋裡掏出了一支 iPhone。現場一片譁然。納德拉說，我手上這不是 iPhone，我更喜歡稱之為 iPhone Pro，裡面裝的很多應用程式都是微軟的，我們用微軟的軟體武裝了iPhone。現場響起陣陣掌聲。

這些變化帶來的實際結果究竟如何？到今天為止，微軟百分之七十的收入來自雲端運算，股價也漲到了一百美元，超過我進入微軟時的五十九美元，重新把微軟的市值推上了七千億美元，超過了那個最輝煌時代的戰績。

納德拉把Windows和Office帶來的榮譽全部收起來，往雲端運算重新出發。納德拉最了不起的地方就是懂得「只有揮別舊成績，才能邁向新卓越」。

如果你也想揮別舊成績，應該注意什麼呢？

第一，刷新組織意義。

微軟以前為什麼而存在？讓每個人桌面上有一臺電腦——想想都令人激動。但是這個目標已經實現了，現在的目標是：雲端優先，行動優先，AI優先。

揮別舊成績，需要有一個令人激動的新目標。

第二，轉為關注增量。

雲端運算是微軟的增量，Windows 和 Office 是存量；市場是企業的增量，老客戶則是企業的存量；創新技術是企業的增量，傳統產品是企業的存量。要讓注意力從存量的舒適區進入增量的學習區。

第三，逐步放棄存量。

既得利益不應立即拋棄，而應逐步放棄。微軟全球轉型雲端運算，但是依然考核每個國家的銷售團隊有關傳統 Windows、Office、服務器產品的銷售業績。為什麼？因為如果沒有存量供血，就沒有力氣關注增量。這些產品是轉型的資源，這些團隊也是轉型的戰略部隊。

掌握關鍵

揮別舊成績

願意把過往的豐功偉業收起來，重新訂立目標，不讓過去的成功使自己綁手綁腳，是很了不起的一種切換模式。想揮別就成績，邁向新的里程碑，應該注意什麼？一、設定一個令人激動的新目標；二、讓注意力從存量的舒適區，進入增量的學習區。三、不要立即拋棄既得利益，而是要逐步放棄。

延伸思考

職場 or 生活中，可聯想到的類似例子？

啟動亮點

在高速變化的時代，覺得自己能洞察未來，就像覺得自己能夠選中人才一樣，都是盲目自信。

04

內部孵化——

用組織的方式，解決戰略的問題

葛斯納的切換戰略、賈伯斯的善用對手、納德拉的揮別舊成績，聽上去氣勢恢宏，但是這些都建立在一個前提之上：領導者指的方向沒錯。但是，領導者就一定對嗎？

二〇〇七年，雅虎創始人楊致遠被董事會請回雅虎，帶領這個瀕臨崩潰的巨頭轉型。這一幕像極了一九九七年的賈伯斯回歸。上任後，楊致遠拒絕了微軟四百四十六億美元的收購邀約，帶領團隊浴血奮戰、一路狂奔。但是，楊致遠並沒有把雅虎帶出泥潭；八年後，雅虎以只有微軟當年十分之一的出價——四十八億三千萬美元，被賣給了美國威訊（Verizon）公司。雅虎至此結束了其短暫的輝煌和長達十幾年的慘淡。

那麼，我們必須像買大小一樣，把公司的戰略轉型押注在領導者判斷未來的正確率上嗎？還有別的辦法嗎？

有的。比如，海爾集團創始人張瑞敏的做法就值得學習：**用組織的方式，解決戰略的問題。**

什麼意思？

行動網路時代到來，全球第一家電品牌海爾也面臨轉型問題。站在抉擇的路口，究竟該何去何從？往左，往右，還是繼續往前？到底哪條路上站著賈伯斯，哪條路上站著楊致遠？真的能選對嗎？

最後，張瑞敏決定不選了——在這樣高速變化的時代，覺得自己能洞察未來就像覺得自己能選中人才一樣，都是盲目自信。張瑞敏不賭未來，而是要讓未來從自己的組織中生長出來。

具體怎麼做？張瑞敏做了三件事情。

第一件，撒豆成兵。

海爾決定，正式推行小微企業模式，在七萬人的龐大組織中去掉一萬～二萬人的「肥肉」，然後分解成兩千多個小的「生命體」。每個小微企業都有自己獨立的三張財務報表。這些積極性明顯改善的小微企業員工被稱為「創客」（Maker），因為他們開始為自己創業了，而不再是龐大組織裡的螺絲釘。

第二件，澆水施肥。

然後，海爾通過創業平臺「海創匯」給這些小微企業澆水施肥。海創匯有價值幾千萬的3D列印設備，可供小微企業設計模具；創客學院提供管理、融資等方面的培訓；海爾還用十三億資金來投資好苗子*；好苗子還能進入加速器，獲得加速成長。

第三件，收穫未來。

小微企業的模式收穫了雷神筆記型電腦、iSee迷你投影機、咕咚手持洗衣機、焙多芬智慧烤箱、星廚冰箱、種菜神器、有住網等一系列明星項目。其中和海爾整體規劃不太相關的計畫，海爾占小股，收穫投資收益；

和海爾整體方向一致的計畫，海爾占大股，收穫公司未來。

這就是「內部孵化」，用組織的方式，解決戰略的問題。看清了方向，就制定前進的戰略；看不清方向，就優化組織，獎勵能找到方向的人。這個人是誰？不知道，甚至不重要。有一天張瑞敏可能會唏噓不已：當初，我怎麼都沒想到，居然會是他！但不管這個「他」是誰，他的成功，都是海爾的成功。

如果你也想學習海爾的內部孵化，需要注意什麼呢？

第一點，花冗餘的成本。

如果有一～兩個計畫成功，就一定有八～九個計畫失敗。對彎路、死路甚至失敗的探索，都是成功的成本。選擇內部孵化，就是選擇用冗餘的成本提升成功的概率。

＊指幼苗，有希望成為人才的年輕人。

第二點，做狠心的父母。

計畫獨立，才能開創新的天地。早日讓小微企業獨立經營、獨立核算、自負盈虧，是內部孵化的關鍵。

第三點，讓孩子自由生長。

父母總覺得自己是對的，但孩子的價值觀才代表未來。克制自己的管控，讓子公司用自己的打法面對市場，自由生長，才有可能超越母公司、代替母公司，贏得整個世界。

掌握關鍵

內部孵化

企業領導者看清了方向，就制定前進的戰略；看不清方向，就優化組織，獎勵能找到方向的人。要施行內部孵化，應該注意哪些？一、用冗餘的成本提升成功的概率；二、讓小微企業獨立經營、獨立核算、自負盈虧；三、讓子公司用自己的打法面對市場，自由生長。

延伸思考

職場 or 生活中，可聯想到的類似例子？

05

模式與趨勢——

商業模式也要「順勢而為」

啟動亮點

在考慮商業模式的有效性時，必須也把「時間軸」加入思考系統；這個時間軸的維度，就是趨勢。

我有個朋友是做冷凍水餃的，當一些同行用自動化設備生產水餃時，他覺得那些公司都是「用大炮打蚊子」。他的公司不用機器，只用廉價人工，這種做法大大降低了成本，他很高興。可是，近兩年他突然發現，以往的廉價人工開始變得愈來愈貴，甚至提高工資也招不到人了。

短期來看，我這個朋友的「新增成本」（人力成本）小於「節省成本」（機器成本），他構建了一個更有效的商業模式。但隨著時間推移，人力成本不可逆轉地迅速增加，於是他的模式就立刻顯得低效了。他的問題在於，在考慮商業模式的有效性時，沒有把「時間軸」作為必不可少的維度加入思考系統。這個時間軸的維度，就是趨勢。

那麼，商業模式和趨勢之間有什麼關係？

舉個例子。二〇一七年，中國某銀行的一名櫃員登上中央電視臺的舞臺，表演了她的勞動技能——數錢。一般人用手數錢，她卻可以用耳朵數錢。蒙上眼睛後，她只要聽著「嘩嘩嘩」的數錢聲，就能準確報出錢的張數，令人驚嘆。

但就在二〇一七年，各大銀行陸續裁掉了近六萬名櫃員。因為未來銀行都要實現無現金化甚至無人化了，不需要那麼多人數錢了。

這位「聽音數錢」的員工曾自豪地說：「點鈔是我們銀行員工的基本技能，我願做一個前行者，多帶徒弟、帶好徒弟，提高銀行點鈔的整體水準，促進工匠精神，薪火相傳。」但在趨勢面前，她這個願望不一定能實現了。

維度是銀行獲客的商業模式，練習點鈔是把這種商業模式的效率發揮到極致。但如果拉長時間軸來看，不遠的將來是「無人、無現金」的趨勢，那麼，再怎麼提高數錢效率都救不了這六萬名員工。

> 商業模式就是利益相關者的交易結構。而利益相關者，比如勞動力價格、可替代技術、社會協作網絡等都會隨時間發生變化，所以，交易結構的考慮也要包含對趨勢的前瞻性。

回到開篇的案例，我這位朋友該怎麼做？他可以用「千百十個思考法」檢驗自己的商業模式是否是「順勢而為」。

第一個，千位——時代。

千位的重要性遠遠大於百位、十位和個位。

微軟的 Windows 至今仍占有PC操作系統百分之九十以上的市場占有率，但PC已經不再那麼重要了。這就類似於「你的字確實寫得非常好，但我們都用鍵盤了」、「他認識上海的每條路，但現在導航軟體免費了」。

在時代的洪流中，要順勢而為，而不是勝天半子*。

第二個，百位——戰略。

在創業早期，商家可以選擇「撇脂訂價戰略」，搭建交易結構；到了競爭對手壓境時，可能就要選擇「滲透訂價戰略」，嚇退競爭對手。

戰略是百位。戰略不對，就是帶領企業在死路上狂奔。

第三個，十位——治理。

資本與管理團隊之間、合夥人與合夥人之間、管理團隊與員工之間的「交易結構」，叫作治理。如果合夥人的股權分配不合適，最後一定會吵得不可開交，直至分道揚鑣。

治理是十位。結構不對，什麼都不對。

第四個，個位——管理。

老闆有沒有找對人？有沒有梳理好工作流程？有沒有設計好員工的激勵計畫？有沒有做文化建設、團隊建設？有沒有充分溝通？

管理是個位。雖在個位，但依然非常重要。在同一個時代、同一個戰略、同一種治理的背景下，關鍵就看管理能力。

運用「千百十個思考法」時要注意：高位確定時，低位重要性凸顯；專注於提高低位能力時，也要關注高位變化。

＊出自小說《天局》，指不服命運，偏要與天鬥的意思。

掌握關鍵

模式與趨勢

商業模式就是利益相關者的交易結構。利益相關者（勞動力價格、可替代技術、社會協作網絡）會隨著時間產生變化，所以交易結構的考慮，也要包含對趨勢的前瞻性。

延伸思考

職場or生活中，可聯想到的類似例子？

啟動亮點

願望和能力不匹配時，應該為了願望去獲得能力，還是基於能力而調整願望？

06

模式與能力——根據自身優勢尋找商業模式

我有個朋友是業內知名的襪業老闆，為許多知名品牌（B端）生產襪子。網路時代來臨，他一心想建立自己的潮襪品牌，在網上面對終端消費者（C端）銷售襪子。他做了很多嘗試，但都不成功，問我該怎麼辦。

雖然我這位朋友的願望是做面向C端的零售，但他畢竟在製造業做了很多年，整個人的能力體系都與製造相關。那麼，當願望和能力不匹配時，是應該為了願望去獲得能力，還是基於能力而調整願望呢？雖然他在六十二歲的企業家中，是最像二十六歲的一個，但我還是送給他四個字：

堅守B端。

為什麼？因為最好的成功是願望與能力相匹配。

舉個例子。微軟在PC鼎盛時期簡直是戰無不勝，攻無不克；但網路時代來臨後，微軟幾乎錯過了每一次重要的發展機會，比如搜尋、手機、社交等。

這其中當然有很多原因，但最不可忽視的一條是：網路最需要「快」，而隨著公司愈來愈大，微軟的反應速度開始「慢」了下來。

前文提過網路效應。網路效應是一種用戶數量愈大，給單個用戶帶來的價值愈大的商業現象。網路因為互相連接而形成龐大的網路，天生具有網路效應的「洪荒之力」。因為網路效應，最早到達規模引爆點的企業會獲得爆炸式成長，最終贏家通吃；而其他企業則會因為晚了半步而黯然退場。

所以，為了第一個跨過規模引爆點，許多網路公司在發令槍還沒打響時就已一路狂奔，因為這時候只能比速度。所以，大家就能理解，為什麼有些網路公司有公開的「九九六工作制」——早上九點到晚上九點，一週工作六天；甚至有些公司實行可怕的「七一一工作制」——早上七點到晚上十一點，全年無休。這些公司之所以這麼做，為的就是一個字：快。

而微軟這樣的巨型公司已經愈來愈慢了，它在速度的競爭中幾乎毫無優勢。

手機的用戶規模和應用軟體的數量之間，存在明顯的網路效應，所以只能比速度；社交的用戶更是符合典型的網路效應，更加要比速度。

微軟的第三任CEO薩蒂亞．納德拉上臺後，幾乎放棄了剛剛收購的諾基亞，全心全意做雲端運算。為什麼？因為雲端運算沒有明顯的網路效應，相反，它嚴重依賴厚積薄發的技術能力。果然，在雲端運算上，微軟迅速獲得優勢。後來，微軟的收入有百分之七十來自雲端運算，股價也創下了歷史新高。

為什麼微軟轉型能成功？有很多原因，其中一點是：微軟找到了與自身優勢相匹配的商業模式。

回到開篇的案例，我這個朋友決定聽我的建議，堅守B端，不斷提高襪子品質，結果愈做愈好，成了製造商裡的著名「品牌」。

還有一個與之類似的案例。一個三十五歲的職業經理人想創業，希望聽聽我的意見。我送給他八個字：需要加班，就別創業。因為從三十五歲開始，人的體能大多會不斷下降，而有些創業計畫最大的競爭優勢就來自瘋狂加班。如果要比加班，這位職業經理人比不過二十五歲的創業者。因此，他應該去做需要經驗、人脈和資本的計畫，只有發揮所長，才能獲得長久優勢。

掌握關鍵

模式與能力

最好的成功，是願望與能力互相匹配。企業要成功轉型，就要找到和本身優勢相匹配的商業模式，才能夠發揮所長，獲得長久的優勢。

延伸思考

職場 or 生活中，可聯想到的類似例子？

啟動亮點

再好的商業模式，也只能等待運氣降臨，才知道結果。

07

模式與運氣——運氣也能被管理

曾經有一個客戶請我幫他梳理商業模式。於是，我們從行業趨勢到團隊能力，聊了一個多小時。他愈聊愈清晰，愈聊愈興奮，愈聊愈有信心。快結束時，我說：「好了，下面就交給運氣吧。」

他一楞——為什麼還要交給運氣？還有我們沒考慮到的因素嗎？

我立刻知道，他也是一個「決定論」（determinism）的受害者，不能忍受不確定的未來，更不能接受把成功交給運氣。

什麼叫決定論？

決定論，又稱拉普拉斯信條，這個理論在十八、十九世紀基本上統治了科學界。決定論相信，只要知道事物這一秒的狀態，然後用自然規律去推導，就必然能得出事物下一秒的狀態。人類無法預測未來，只是因為我們所知太少，算力不夠。

但後來，量子理論徹底顛覆了決定論。量子理論告訴我們，很多事情的發生無關因果，只是概率。微觀世界的概率疊加概率，概率嵌套概率，不斷翻滾，到了宏觀世界，就被叫作運氣。

再好的商業模式，也只能等待運氣降臨，才知道結果。

真的是這樣嗎？

阿里巴巴創始人馬雲說：「阿里巴巴成功是靠運氣，並非依靠勤奮。」360公司創始人周鴻禕說：「我特別討厭成功學，成功的運氣成分太大。」騰訊創始人馬化騰說：「創業初期百分之七十靠運氣。」小米公司創始人雷軍說：「企業成功百分之八十五來自運氣。」

讀到這裡，有的人或許會覺得：太令人沮喪了！研究了這麼多商業模式，到最後居然還要靠運氣？

是的。好的商業模式可以提高成功的概率，但最終的成功依然要靠運氣。

但幸運的是，運氣也是可以管理的。

具體怎麼做？法蘭斯．約翰森（Frans Johansson）在《比努力更關鍵的運氣創造法則》這本書中提出了很有實操性的方法，具體分為三步。

第一步，找對牌桌。

「二十一點」是賭場裡勝算最高的遊戲，所以真正的賭客不會浪費時間玩別的遊戲。創業也是一樣。創新的技術產品戰勝守舊的技術產品、高效的商業模式戰勝低效的商業模式，這是大概率事件。真正的創業者不會浪費時間「拯救」傳統低效的情懷。

找對牌桌，上對車，然後等待被好運砸中。需要注意的是，這時不要輕易地「All in」（押上全部籌碼），因為你要保證自己不會被迫離場。活下去，才有運氣。

有一次，我聽開發「憤怒鳥」這款遊戲的Rovio娛樂公司的CEO演講，他說：「你們知道『憤怒鳥』，但你們不知道，在它之前，我們發布了五十一款遊戲，五十一款！」他的成功，是因為選對了手遊這張牌桌，並且沒有在玩第五十款遊戲時輸光離場。

第二步，果斷下注。

雷軍成名非常早，他做過金山軟體（著名的WPS），做過卓越網（後來賣給了亞馬遜），投資了YY語音、獵豹、迅雷。他在網路這張牌桌上，一直下點小注，有輸有贏，但從不離場。

但是，二〇一〇年，他看到了一個巨大的機會，那就是「在安卓體系裡建立類似於蘋果的亞生態」。他決定，留下不離場的保命錢，然後重注壓上「小米公司」。

雷軍當時會想自己能否獲得「確定的成功」嗎？沒有人可以給他保證，他必須賭。當然，如今他成功了。如果失敗了，雷軍可能會繼續在牌桌上下點小注，有輸有贏，但從不離場，直到下一個好運降臨。

每個人都有一兩次這樣的機會，關鍵在於你能否看到並接住它。

第三步，提高勝算。

雷軍後來所做的一切都是在提高勝算，比如，組建最優秀的團隊，找到最充裕的資本，不斷探索新模式、疊代、刷新……

我們常說「謀事在人，成事在天」，這一次天沒有幫你，只是因為概率沒有降臨；只要堅持「正確的事情重覆做」，天不幫你，概率也會幫你。

掌握關鍵

模式與運氣

好的商業模式可以提高成功的概率，但最終能否成功，還是要靠運氣。幸好，運氣是可以管理的。怎麼管理？第一，找對牌桌、上對車，等待被好運砸中，但不要一次賭上全部資金。第二，每個人都有一兩次押對寶的絕佳機會，關鍵在於你能否看到並把握機會。第三，堅持做正確的事，而且持之以恆；就算老天不幫你，概率也會幫你。

延伸思考

職場or生活中，可聯想到的類似例子？

第9章

商業禁區

啟動亮點

金融世界抽象得虛幻，虛幻得迷人，是很多高智商騙子的藏身之所。

01

龐氏騙局——

金融界的萬騙之祖

有個朋友在微信上對我說，她有個投資機會，每月收益率最高可達百分之三十，邀請朋友加入還會有額外的高額回報。她朋友加入得早，已經賺了好多錢，她問我該不該投。我當時最大的感受就是：把她封鎖算了。冷靜了幾分鐘後，我強忍著憤怒給她講了我的「意見」：趕快封鎖那個朋友。

金融的世界，抽象得虛幻，虛幻得迷人，因此成為很多高智商騙子的藏身之所。你一定聽說過金融界的萬騙之祖——查爾斯・龐茲（Charles

Ponzi），還有他那著名的「龐氏騙局」（Ponzi scheme）。

龐茲是個意大利人，曾因偽造文書罪在加拿大坐過牢，也因走私人口在美國蹲過監獄。一九一九年，龐茲移居波士頓，並宣稱自己發現了一種賺錢的好方法，就是把歐洲的郵政票券賣給美國。大部分美國人對金融沒概念，將信將疑。但是，他拋出了一個誘餌：所有投資，四十五天之內將獲得百分之五十的回報，九十天之內回報翻倍。在這個巨大的誘惑下，開始有投資者嘗試性地投了錢。沒想到，真的拿到了回報。於是，後面的投資者大量跟進。

經過一年多的時間，四萬多人成了龐茲的投資者，他們把龐茲奉為「商業巨鱷」。龐茲因此獲得了巨額財富，住上了別墅，消費名貴的西裝、皮鞋、鑲金的拐杖、昂貴的首飾、鑲鑽的菸斗……最終，他被揭穿只買過兩張郵政票券，之前所有投資者的收益都是後來投資者的本金。

一九二〇年，龐茲破產了，被判刑五年，並連帶倒閉了五家銀行，大量所謂的「投資者」血本無歸。

龐氏騙局，後來成為一個專有名詞，用來指那些通過金字塔式擴張，

用後入者的本金僞裝成先入者的收益的方式，不斷滾雪球的一種騙局。

回到開篇的那個問題上，稍微有些常識的人都知道，每月百分之三十的收益率基本上是做不到的。但是，龐氏騙局的聰明之處，也是可怕之處在於，它巧妙地讓所有獲得階段性回報的參與者變成了這個騙局的合謀，瘋狂拉人入局，直到無人可拉，資金鏈破裂，騙局敗露。

一般人真的會傻到這種程度嗎？我舉個例子。

矽谷有一家創業公司，僱用了很多優秀的畢業生，付給他們很低的工資，但會給一筆股票期權，許諾未來可能的高額收益。

因為工資很低，公司的產品就可以賣得很便宜，還有利潤。賺了錢後，創始人把一半利潤分給所有擁有期權的員工，另一半給管理階層作獎金。然後，公司員工愈來愈多，公司賺的錢也愈來愈多……但最後，公司破產了，員工全部失業，期權一文不值。

一家賺錢的公司為什麼會破產？因為它是一個龐氏騙局。

要看透這個騙局，你必須先能一針見血地理解這家公司到底在靠什麼賺錢。因為工資低，產品價格才低，公司才賺錢，所以它賺到的錢，本質上是員工的低工資和社會平均工資之間的差額。這個差額，公司創始人拿走了一半，另一半分回給員工。在這種靠低工資維持低價產品的模式中，員工永遠賺不回自己應得的工資。老員工成為這個騙局中不知情的合謀者，不斷把自己作為案例，吸引新員工加入，擴大騙局的基數。而創始人騙走的，是沾滿血汗的管理階層獎金。

但是，真的有那麼多壞人從一開始就打算騙人嗎？

伯納．馬多夫（Bernard L. Madoff）是和華倫．巴菲特齊名的投資家，他向客戶承諾每年百分之八～百分之十二的投資收益。在長達二十年的時間裡，不論市場好壞，他確實能給客戶帶來每年百分之十左右的回報。但是，有漲就有跌，有賺就有賠。在某一年，無論馬多夫如何努力，報酬率都無法達到他承諾的百分之八，怎麼辦？

馬多夫做了個決定，拿投資人的本金填補空缺，依然派發百分之十以上的投資收益。萬一第二年能賺百分之三十呢？這個窟窿不就補上了嗎？從這一秒開始，馬多夫就從投資大鱷變成了投機騙子。

一旦走上用本金支付利息的道路，馬多夫就一發不可收拾了。為了彌補之前的漏洞，他更加瘋狂地向上流社會融資。馬多夫後來說，在長達十年的時間裡，他主要的工作就是不斷融資。

直到二〇〇八年美國金融危機，大批投資人要求贖回本金，馬多夫知道扛不住了，告訴了他兩個兒子自己「拆東牆、補西牆」的遊戲。他的兩個兒子當晚就告發了他。最後，馬多夫因為用龐式騙局詐騙六百五十億美元，被判入獄一百五十年。

很多人並不是「立志」成為騙子，他們只是一念之差，不知不覺「成長」為了騙子。如何避免自己「成長」為騙子呢？永遠不要承諾收益率！任何把商業模式優化到有必然收益的嘗試，都是商業模式的禁區。

掌握關鍵

龐氏騙局

龐氏騙局，用來指那些通過金字塔式擴張，用後入者的本金偽裝成先入者的收益的方式，不斷滾雪球的一種騙局。它的可怕之處，在於它巧妙地讓所有獲得階段性回報的參與者都成了騙局的同謀者——瘋狂拉人入局，直到無人可拉，資金鏈破裂，騙局敗露。

延伸思考

職場or生活中，可聯想到的類似例子？

啟動亮點

躺著賺錢，對百分之九十九的人來說是個夢。而這些夢，養活了那百分之一的人。

02

裂變式傳銷——

從如癡如醉到血本無歸

A的閨蜜說自己買了一套價值兩千九百九十九元的化妝品，並免費成為了代理商，開始創業了，還勸說A跟她一起創業。A知道閨蜜可能被洗腦了，假裝感興趣地問：「妳這麼努力勸我加入，能拿多少錢？」

閨蜜說：「我能拿妳那兩千九百九十九元的百分之三十，但妳也不虧啊，去商場買要花一萬多呢。妳加入我們，繼續『裂變』，很快就能把錢賺回去了。」

A接著問：「如果我勸說新人加入，他交的兩千九百九十九元也要分

多級銷售獎金表	A 的閨蜜分得	A 分得	A 的下線分得
A 的 2999 元	30%	–	–
一級下線的 2999 元	12%	30%	–
二級下線的 2999 元	8%	12%	30%
三級下線的 2999 元	–	8%	12%
四級下線的 2999 元	–	–	8%

給妳嗎？」

閨蜜說：「你拿百分之三十，我只分百分之十二。他如果繼續裂變，我只拿百分之八，你拿百分之十二，他拿百分之三十。這樣，每個人都有收益。」

閨蜜接著說：「如果我發展五個人，他們每個人再發展五個人……一直發展到一百二十五人，每人每週賣出去一套化妝品，我一個月躺著就能賺十八萬元！」

A安靜了好一會兒說：「妳可能進入了傳銷組織。」

到底什麼叫傳銷？傳銷之所以讓人在加入時如癡如醉，離開時血本無歸，是因為有三個典型特徵：

第一，多級分銷。

一變五，五變二十五，二十五變一百二十五……每一層級的參與人數呈幾何級裂變，這就是多級分銷。

但是，這種裂變從數學上來說是不可持續的。如果每個人發展五個人，下一層再發展五個人，只要重覆十三次，捲入的人數就會超過地球人口總數。也就是說，大部分人是不可能裂變出枝繁葉茂的「多級分銷」體系的。美國聯邦貿易委員會（Federal Trade Commission）對三百五十家「多級分銷」機構做了調研，發現百分之九十九的參與人都在虧損。

躺著賺錢，對百分之九十九的人來說是個夢。而正是這些夢，養活了那百分之一的人。

第二，產品劣質。

A的閨蜜加入的多層分銷體系，三級獎金加在一起，要拿走商品價格的百分之五十：百分之三十＋百分之十二＋百分之八＝百分之五十。可化妝品廠商還要賺錢，所以商品的實際成本，很可能不到銷售價格的百分之十，甚至不到百分之一。

這樣的產品在真實的商業世界中幾乎是賣不掉的，所以，不少傳銷機構的產品幾乎沒有賣出過這個金字塔的範圍之外。所有人賺的錢，都是下幾級加入者的入門費。

因為產品劣質，很難產生金字塔體系外的重複購買，是傳銷的第二大特徵。

第三，高入門費。

如果很難靠銷售產品賺錢，那靠什麼賺錢呢？靠高昂的入門費。

那些參與者花兩千九百九十九元買的，真的是化妝品嗎？其實，他們買的是一次看上去很美好的「創業機會」，而化妝品只是順帶的「贈品」。

從這個角度看，贈品的標價愈高愈好，成本愈低愈好。所以，保健品、化妝品成了傳銷重災區。區塊鏈技術出來後，聽上去非常高大上、又完全沒成本的「空氣幣」*就立刻成了傳銷界的新寵。

*無法應用在任何場景，或是應用場景根本無法實現的幣種。除了拿來炒作，沒有任何的價值。

傳銷這種模式能以類似核爆的速度擴張，是因為它點燃了所有參與者不勞而獲的貪婪。但是擊鼓傳花*到最後無人可傳時，大部分參與者都會血本無歸。這種交易結構之所以可怕，是因為它把每個參與者都變成了擴大這個騙局的同謀。正如雪崩發生時，沒有一片雪花是無辜的。

龐氏騙局和傳銷這兩種像毒品一樣的交易結構，都有一個特徵：不創造財富，只轉移財富。它們都是商業模式的禁區。

*一種遊戲。大家圍成一圈坐下，圈中央有一人蒙眼敲鼓，鼓響傳花，鼓停花止，花傳到誰手中，誰就輸了。

掌握關鍵

裂變式傳銷

傳銷模式能夠以類似核爆的速度迅速擴張的原因，是因為它點燃了所有參與者不勞而獲的貪婪。裂變式傳銷和龐氏騙局都有一個特徵：不創造財富，而是轉移財富。

延伸思考

職場 or 生活中，可聯想到的類似例子？

03

啟動亮點

店家向客戶推銷會員卡，預付五千元打四折、一萬元打三折，之後老闆拿著收集來的會費去投資，這樣是合法的嗎？

非法集資——

真有穩賺不賠的商業模式嗎？

不創造價值的資金傳遞，造就了「龐式騙局」；不創造價值的資金裂變，造就了「傳銷」。在商業道路上，還有一個絕對不能踏入的商業模式禁區——「非法集資」。

L從小一起長大的死黨告訴L，他找到了一個穩賺不賠的商業模式。死黨說，他用直管模式，兼顧「快速擴張」和「優質服務」，開了一百家美髮連鎖店。然後，他在這一百家店裡統一管理並發行了一種「預付費五千元可以打四折，預付費一萬元可以打三折」的會員卡。把這樣收集來的幾億，甚至十幾億的資金拿去投資，就能賺很多錢了。死黨興奮地勸L一同加入。

L聽完後，對死黨說：「你很有可能已經涉嫌了非法集資。」死黨問：「為什麼？很多美髮機構不都是這麼做的嗎？」

要理解其中的原因，需要先解析一下死黨的這個「交易結構」。

首先，預付費卡屬於債務。

當客戶把用於未來消費的一筆錢存到你公司的帳戶後，這筆進帳會被計入資產負債表的「負債」裡。因為你收這筆錢時，承諾給客戶理的兩百次頭髮，一次都還沒理呢。這筆錢，還是屬於客戶的。直到你幫他理完兩百次頭髮，這筆錢才是你的。

所以，預付費卡的本質是你向客戶「借」的錢，是債務。如果服務沒法交付，比如店關門了、換地址了，你是要還錢的。

其次，發行債務需要監管。

客戶存錢是你情我願的，為什麼需要監管？因為預付款本質上還是客戶的，雖然存在你的帳上，利息被你拿去了，但你至少要保證本金是安全的。如果你未經許可「挪用」客戶的錢去投資，萬一失敗了，怎麼辦？

在上海市商務委員會發布的發卡企業關門跑路舉報中，美容美髮行業占比超過百分之五十。這百分之五十的企業中，有從第一天開始就想騙錢的，但也有很多只是自信錢能賺錢。這種僥倖心理加上「挪用債務」的交易結構，讓他們愈來愈滑向「非法集資」這個商業模式的禁區，最後一頭栽倒，聲名狼藉。

什麼叫非法集資？非法集資，就是未按程序獲批，用股權、債券等方式向公眾募資，並承諾實物或資金的回報。挪用預付費卡裡的錢去投資，就相當於用折扣優惠作為回報，變相募資。如果資金用途不受監管，就滑向了「非法集資」的邊緣，情節嚴重的甚至會被判刑。

如果公司發展缺資金怎麼辦呢？其實，很少有公司發展是不缺資金的，但在「缺」的背後有一整套的風險評估體系。不管多麼缺資金，都要向正規機構，比如銀行、風險投資機構融資，避免踏入禁區。

掌握關鍵

非法集資

這是指個人或組織沒有按照法定程序申請批准，就用發行股票、債券或其他債權憑證的方式向社會大眾集資，並且承諾在一定期間內以實物或是其他方式還本付息給出資人或給予出資人回報的行為。非法集資，是另一個絕對不能踏入的商業禁區。

延伸思考

職場 or 生活中，可聯想到的類似例子？

NOTES

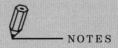

NOTES

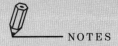

實用知識 69

每個人的商學院．商業進階

最高應用策略，武裝你的商戰進階之路

作 者：劉潤
責任編輯：林佳慧
校 對：林佳慧
封面設計：木木 lin
美術設計：廖健豪
寶鼎行銷顧問：劉邦寧

發行人：洪祺祥
副總經理：洪偉傑
副總編輯：林佳慧
法律顧問：建大法律事務所
財務顧問：高威會計師事務所
出 版：日月文化出版股份有限公司
製 作：寶鼎出版
地 址：台北市信義路三段 151 號 8 樓
電 話：（02）2708-5509 傳真：（02）2708-6157
客服信箱：service@heliopolis.com.tw
網 址：www.heliopolis.com.tw
郵撥帳號：19716071 日月文化出版股份有限公司

總經銷：聯合發行股份有限公司
電 話：（02）2917-8022 傳真：（02）2915-7212
印 刷：禾耕彩色印刷事業股份有限公司
初 版：2020 年 6 月
定 價：380 元
ＩＳＢＮ：978-986-248-883-6

國家圖書館出版品預行編目資料

每個人的商學院．商業進階：最高應用策略，
武裝你的商戰進階之路 / 劉潤著 .
-- 初版 . -- 臺北市 : 日月文化 , 2020.06
336 面 ; 14.7×21 公分 . --（實用知識 ; 69）
ISBN 978-986-248-883-6（平裝）

1. 商業管理

494　　109005331

日月文化集團
HELIOPOLIS
CULTURE GROUP
客服專線 02-2708-5509
客服傳真 02-2708-6157
客服信箱 service@heliopolis.com.tw

廣 告 回 函
台灣北區郵政管理局登記證
北台字第 000370 號
免 貼 郵 票

日月文化集團 讀者服務部 收

10658 台北市信義路三段151號8樓

對折黏貼後，即可直接郵寄

日月文化網址：**www.heliopolis.com.tw**

最新消息、活動，請參考 FB 粉絲團

大量訂購，另有折扣優惠，請洽客服中心（詳見本頁上方所示連絡方式）。

大好書屋　寶鼎出版　山岳文化

EZ TALK　EZ Japan　EZ Korea

日月文化集團
HELIOPOLIS
CULTURE GROUP

感謝您購買 **每個人的商學院．商業進階** 最高應用策略，武裝你的商戰進階之路

為提供完整服務與快速資訊，請詳細填寫以下資料，傳真至02-2708-6157或免貼郵票寄回，我們將不定期提供您最新資訊及最新優惠。

1. 姓名：______________ 性別：□男 □女
2. 生日：______年______月______日 職業：
3. 電話：（請務必填寫一種聯絡方式）
   （日）__________（夜）__________（手機）__________
4. 地址：□□□ ____________________
5. 電子信箱：____________________
6. 您從何處購買此書？□__________縣/市__________書店/量販超商
   □__________網路書店 □書展 □郵購 □其他
7. 您何時購買此書？ 年 月 日
8. 您購買此書的原因：（可複選）
   □對書的主題有興趣 □作者 □出版社 □工作所需 □生活所需
   □資訊豐富 □價格合理（若不合理，您覺得合理價格應為 ______）
   □封面/版面編排 □其他 ____________________
9. 您從何處得知這本書的消息： □書店 □網路／電子報 □量販超商 □報紙
   □雜誌 □廣播 □電視 □他人推薦 □其他
10. 您對本書的評價：（1.非常滿意 2.滿意 3.普通 4.不滿意 5.非常不滿意）
    書名______ 內容______ 封面設計______ 版面編排______ 文/譯筆______
11. 您通常以何種方式購書？□書店 □網路 □傳真訂購 □郵政劃撥 □其他
12. 您最喜歡在何處買書？
    □__________縣/市__________書店/量販超商 □網路書店
13. 您希望我們未來出版何種主題的書？____________________
14. 您認為本書還須改進的地方？提供我們的建議？

____

____

____

____

預約實用知識，延伸出版價值

預約實用知識，延伸出版價值